Can Coşkun
Mustafa Ertürk

# Elektrik Üretimi ve Jeotermal Kaynaklı Bileşik Isı-Güç Sistemi Analizi

AF571663

Can Coşkun
Mustafa Ertürk

# Elektrik Üretimi ve Jeotermal Kaynaklı Bileşik Isı-Güç Sistemi Analizi

## Jeotermal Enerjiden Elektrik Üretimi

Türkiye Alim Kitapları

**Impressum / Yayınevi adı**
Bibliografische Information der Deutschen Nationalbibliothek: Die Deutsche Nationalbibliothek verzeichnet diese Publikation in der Deutschen Nationalbibliografie; detaillierte bibliografische Daten sind im Internet über http://dnb.d-nb.de abrufbar.
Alle in diesem Buch genannten Marken und Produktnamen unterliegen warenzeichen-, marken- oder patentrechtlichem Schutz bzw. sind Warenzeichen oder eingetragene Warenzeichen der jeweiligen Inhaber. Die Wiedergabe von Marken, Produktnamen, Gebrauchsnamen, Handelsnamen, Warenbezeichnungen u.s.w. in diesem Werk berechtigt auch ohne besondere Kennzeichnung nicht zu der Annahme, dass solche Namen im Sinne der Warenzeichen- und Markenschutzgesetzgebung als frei zu betrachten wären und daher von jedermann benutzt werden dürften.

Deutsche Nationalbibliothek tarafından yayınlanan bibliyografik bilgiler: Deutsche Nationalbibliothek, bu yayını Deutsche Nationalbibliografie'de listeler; detaylı bibliyografik bilgi İnternet'te http://dnb.d-nb.de sitesinde mevcuttur.
Bu kitapta bahsedilen herhangi bir marka ve ürün adı, tescilli marka, marka veya patent korumasına tabidir ve ilgili sahiplerin ticari veya tescilli markalarıdır. Marka, ürün, ortak ve ticari adların, ürün açıklamalarının v.s. işbu eserde özel işaretleme olmadan bile kullanılması, bu çeşit adların, tescilli marka ve marka korunması kanunu açısından kısıtlanmamış ve böylece herkes tarafından kullanılabilir olarak hiç bir şekilde yorumlanamaz.

Coverbild / Kitap kapağı resmi: www.ingimage.com

Verlag / Yayıncı:
Türkiye Alim Kitapları
ist ein Imprint der / yayınevinin bir ticari markasıdır
OmniScriptum GmbH & Co. KG
Heinrich-Böcking-Str. 6-8, 66121 Saarbrücken, Deutschland / Almanya
Email / E-posta: info@turkiye-alim-kitaplary.com

Herstellung: siehe letzte Seite /
Basım yeri: son sayfaya bakın
**ISBN: 978-3-639-67018-9**

Copyright / Telif hakkı © 2014 OmniScriptum GmbH & Co. KG
Alle Rechte vorbehalten. / Her hakkı saklıdır. Saarbrücken 2014

# ÖNSÖZ

Bu kitapta bulunan 'Türkiye elektrik enerjisi üretimi ve tüketimi' bölümünde yer alan veriler, öngörü ve tavsiye niteliğindedir. Öngörüler oluşturulurken elektrik sektöründe yer alan birçok önemli firma ile görüş alışverişinde bulunulmuş olup sonrasında yazarların bilgi birikimiyle hesaplamalar harmanlanmıştır. Olası dağılımlar oluşturulurken Avrupa yer alan ve ülkemize talep bakımından yakın birçok ülkenin dağılımları da göz önünde bulundurulmuştur.

Kitabın yazılması sürecinde beni cesaretlendiren editör Sayın Mikail COL'a, üniversite-sanayi işbirliği noktasında desteklerini esirgemeyen Rize TÜMSİAD başkanı Abdulbaki Fil ve yönetim kurulu üyelerine, sağlığımı korumam noktasında yardımlarını esirgemiyen doktorum Sayın Prof. Dr. Dursun Ali Şahin'e, tüm desteğinden dolayı evimin neşesi, Fatih'imin annesi bir tanecik eşim Zuhal Oktay Coşkun'a, bu günlere ulaşmam noktasında büyük emekleri geçen annem Kadriye Coşkun'a, kardeşim Mehtap Yılmaz'a, babam Yaşar Coşkun'a, akademisyen olmam noktasında beni destekleyen ve örnek aldığım dayım Doğan Demiral'a ve danışman Hüseyin Kanbur'a en derin minnet ve şükranlarımı sunarım.

## İÇİNDEKİLER

# 1. TÜRKİYE İÇİN ELEKTRİK ÜRETİMİ ve KULLANIMI

Türkiye de elektrik üretiminin büyük bölümü (ortalama % 76.6) Termik santrallerden karşılanmaktadır. Termik santrallerin toplam elektrik üretimi içindeki payının doğrusal bir artış olmadan dalgalanma göstermektedir. Bu dalgalanmanın % 69 ile % 81 arasında olması muhtemeldir. Hidroelektrik santralleri elektrik üretimi de ikinci sırada yer almaktadır. Hidroelektrik enerji kaynaklı elektrik üretimindeki muhtemel dalgalanmanın %19 ile %30 arasında olması beklenmektedir. Fosil kaynaklı elektrik üretimini sırasıyla Rüzgâr ve Jeotermal Güç santralleri izlemektedir. Fosil ve Yenilenebilir enerji kaynaklarının toplam elektrik üretimi içindeki muhtemel dağılımı yüzdesel olarak Şekil 1.1 ve 1.2' de verilmiştir. Jeotermal enerjiden elektrik üretiminin, toplam elektrik üretim miktarı içindeki yeri artış göstererek % 0.224 seviyesinden % 0.316 seviyesine ulaşması beklenmektedir.

Büyük ekonomik krizler sonrasında elektrik üretim miktarındaki azalma olacağı öngörülmektedir. Krizin etkisine bağlı olarak elektrik tüketimindeki azalmanın ortalama % -1.8 civarlarında olabileceği hesaplanmaktadır. Türkiye'deki büyüme ve diğer farklı parametreler göz önüne alındığında geçmiş 40 senelik süreçte yıllık bazda ortalama elektrik üretim miktarındaki artışın % 8.4 seviyesinde olduğu öngörülmüştür. Öngörülen artış oranı referans alındığında 40 yıl önce tüketilen elektriğin ancak % 4'lük kısmını kullanacağımız noktası ortaya çıkmaktadır.

Türkiye bağlamında üretilen elektriğin karşılaştırmalı biçimde dağılımını ortaya çıkarabilmek için boyutsuz bir dağılım katsayısı bu kitapta literatüre kazandırılmaya çalışılmıştır. Bu boyutsuz karşılaştırma faktörüne 'Elektrik Üretim Karşılaştırma Faktörü' denilmiştir. İncelemenin yapılmış olduğu yıllar arasında üretilen en yüksek elektrik miktarı 1 olarak kabul edilerek diğer yıllar bu katsayıya göre değer almaktadır. Bu şekilde yıllar içindeki yüzdesel dağılımlara da kolayca ulaşılabilmektedir. Örneğin bir ülkede özelinde iki yıl için inceleme yapıldığı düşünülsün. Birinci yıl için elektrik üretimi 100000 MWh/yıl, ikinci yıl için bu değer 90000 MWh/yıl olsun. Bu iki inceleme yılı içinde en yüksek elektrik üretimine birinci yılda rastlanmaktadır.

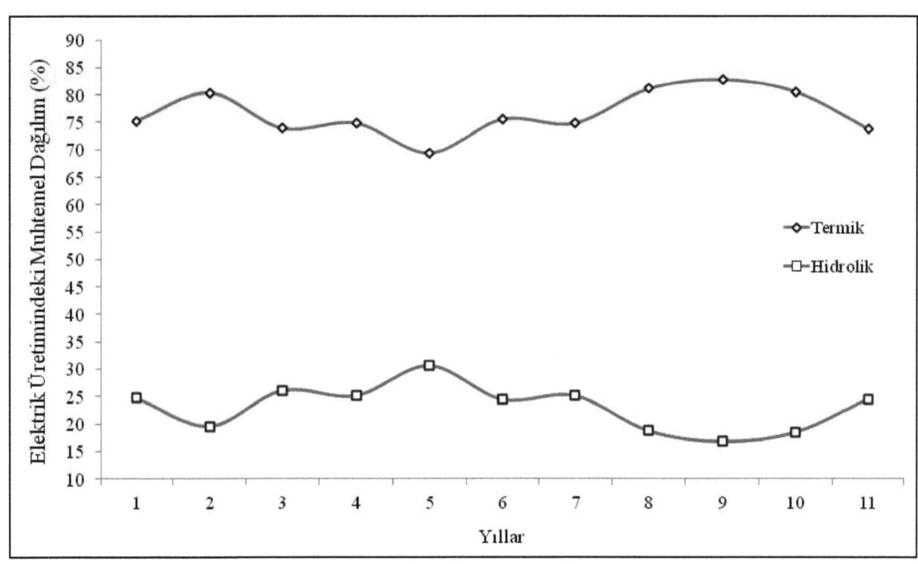


Şekil 1.1 Termik ve Hidroelektrik santrallerin toplam elektrik üretimi içindeki muhtemel dağılımı

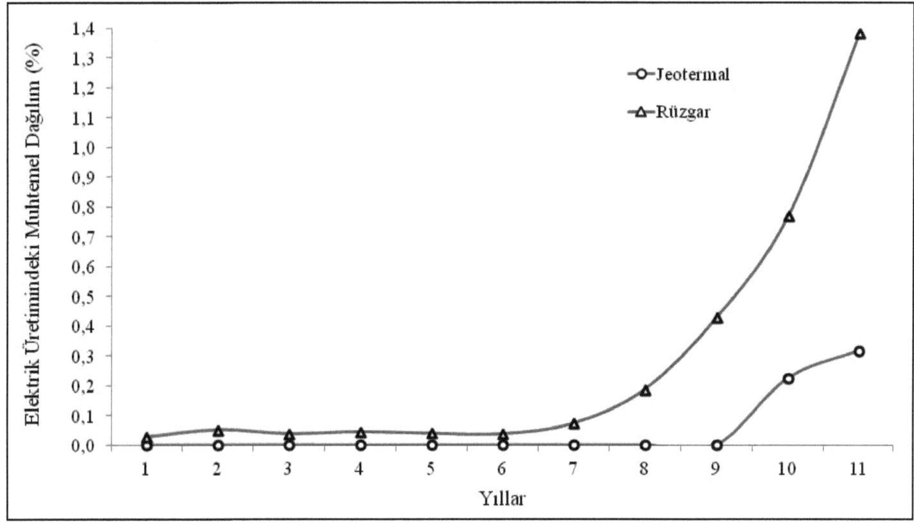


Şekil 1.2 Rüzgar ve jeotermal güç santrallerin toplam elektrik üretimi içindeki muhtemel dağılımı

100000 MWh/yıl değeri 1 değerine karşılık gelip ikinci yıl için Elektrik Üretim Karşılaştırma Faktörü 0.9 değerine eşit olmaktadır. Bu hesaplama süreci göz önüne alınarak geçmiş 41 yıllık süreç için muhtemel Elektrik Üretim Karşılaştırma Faktörü dağılımı Şekil 1.3'de verilmiştir. Yapılan varsayım doğrultusunda ülkeyi etkileyebilecek çok büyük krizler ve doğal afetler olmadığı sürece elektrik üretim ve tüketim değerinde devamlı bir biçimde artış olacağı öngörülmektedir. Artışta oluşabilecek muhtemel dalgalanmanın % 17 ile -% 2 seviyeleri arasında olabilecektir.

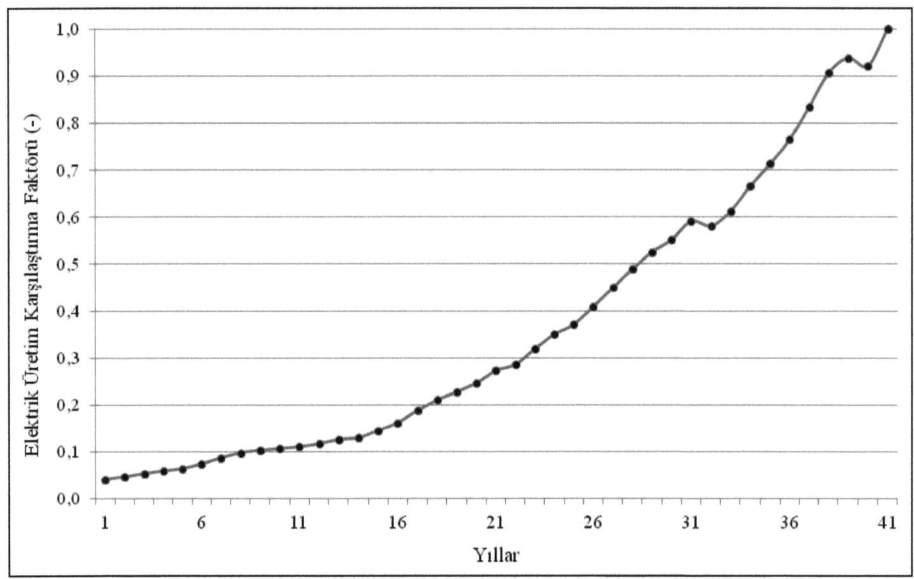


Şekil 1.3 Türkiye için Elektrik Üretim Karşılaştırma Faktörünün Muhtemel Dağılımı

Yıllık elektrik tüketim talep katsayısının kümülatif ve yüzdesel dağılımı Şekil 1.4 ve 1.5'teki grafiklerde sunulmaktadır. Dağılımlardan görüleceği üzere en yüksek talep 1.06 değeri için % 3.33 değerine ulaşmaktadır. 1 noktasın öncesi ve sonrası için talep dağılımı farklılık arz etmektedir. Bu oluşum, dağılıma % 46.08 ve % 53.92 şeklinde yansımaktadır. Yıllık elektrik tüketim talep katsayısı 0.56 ile 1.39 değerleri arasında değim göstermektedir. Bu değerlerden anlaşılacağı üzere saat bazında ortalama referans alındığında maksimum artış %39 seviyesine ulaşabilmektedir.

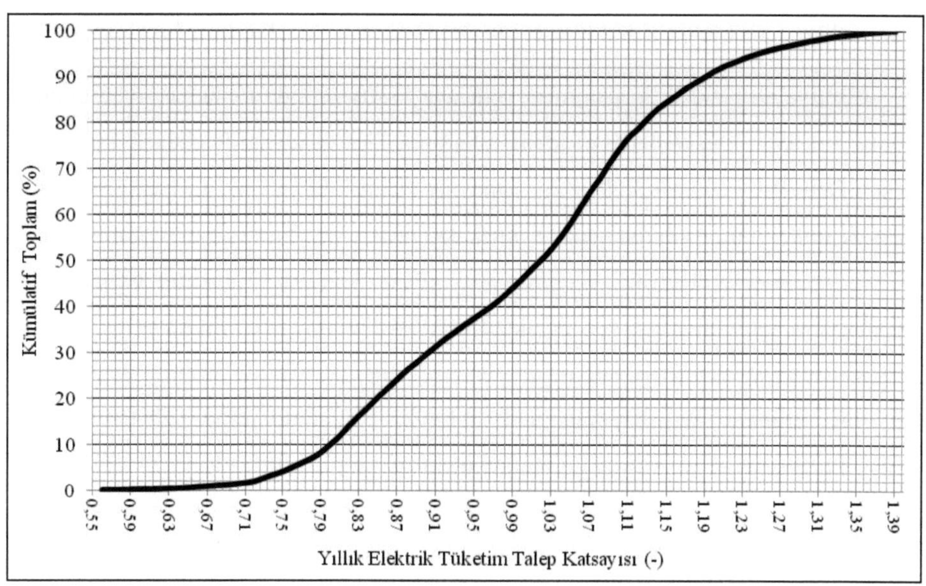


Şekil 1.4 Yıllık elektrik tüketim talep katsayısının kümülatif dağılımı

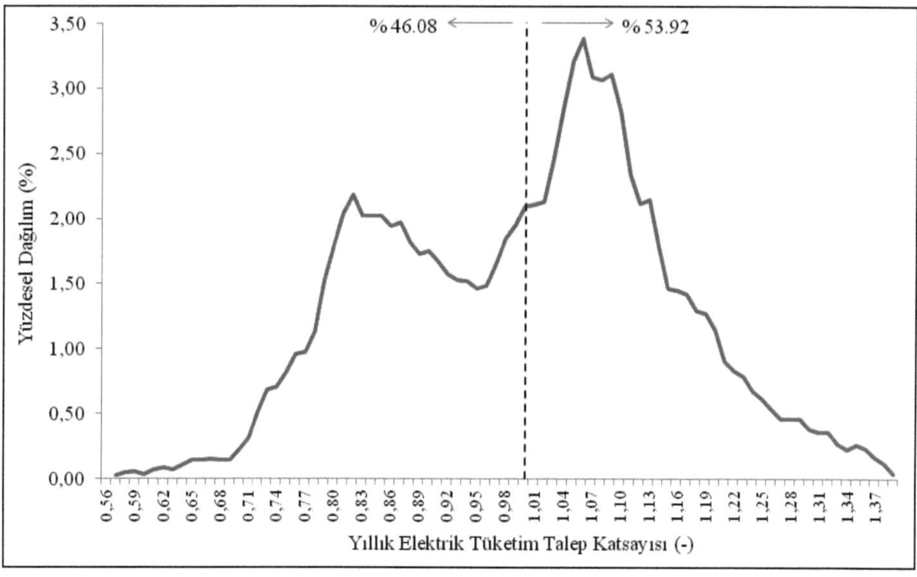


Şekil 1.5 Yıllık elektrik tüketim talep katsayısının yüzdesel dağılımı

## 1.1.Türkiye için Elektrik Kullanımının Sektörlere Göre Dağılımı İncelemesi

Türkiye'de elektrik kullanımını yedi ana başlık altında toplamak mümkündür. Bunlar sırasıyla; Meskenlerde elektrik kullanımı, Ticarethanelerde elektrik kullanımı, Resmi Dairelerde elektrik kullanımı, Sanayide elektrik kullanımı, Tarımsal Sulamada elektrik kullanımı, Aydınlatmada elektrik kullanımı ve Diğer elektrik kullanımları. Türkiye genelinde elektrik kullanımı artış gösterirken bazı kullanım başlıklarında azalma veya sabit bir süreç yer almaktadır. Altı kullanım şekli için detaylı öngörüler şu şekildedir. Meskenlerde kullanılan elektriğin toplam içindeki oranı yılar boyunca dar bir aralıkta dalgalanarak çok büyük bir farklılaşma göstermeyeceği öngörülmektedir. Meskenlerde kullanılan elektriğin toplam içindeki yeri % 22.5 ile % 25 arasında değişerek ortalamada % 23.715 seviyesine ulaşması muhtemeldir. Ticarethanelerde kullanılan elektriğin toplam içindeki oranı iki kattan daha yüksek bir seviyede artış göstererek %19 mertebesine ulaşacağı öngörülmektedir. Ticarethanelerde tüketilen elektrik miktarındaki artışın ise 3 katından daha fazla bir seviyeye ulaşması muhtemeldir. Bu değere Türkiye çapında oldukça fazla ticarethanenin işletmeye girmesinden ulaşılmıştır. Resmi dairelerde kullanılan elektrik yıllar içerisinde % 3.5 ile % 5'lik bantta hareket ederek ortalama da % 4.326 seviyesini yakalayacağı öngörülmektedir. Sanayinin toplam elektrik kullanımı içindeki payı küçükte olsa düşüş göstereceği düşülmektedir. % 52.5 ile % 45 bandında hareket edecek olan sanayi elektrik kullanım oranı ortalamada % 48.29 seviyesine ulaşabilecektir. Toplam elektrik kullanımı içindeki payın düşüş eğilimde olması, sanayide kullanılan elektrik seviyesinde düşüş yaşandığını göstermemelidir. Aksine sanayide toplam elektrik kullanımının artacağı hesaplanmıştır. Toplam elektrik tüketimindeki yıllık artış bu değerden yüksek olduğu için sanayinin toplam elektrik tüketimi içindeki payı azalış gösterdiği düşünülmektedir. Tarımsal sulamanın toplam elektrik tüketimi içerisindeki payı %1 seviyesinde dalgalanma göstererek %2 ile %3 bandında hareket etmesi muhtemeldir. Ortalama değer olarak %2.51 seviyesinin olacağı öngörülmektedir. Aydınlatmada yüksek verimlilikteki lambaların kullanımının artması noktasında toplam elektrik tüketimi içerisindeki payı azalış göstererek %5 seviyelerinden % 2 seviyelerine düşeceği öngörülmektedir. Bu düşüş aydınlatma için harcanan elektrik seviyesinin nerdeyse sabit kalmasından kaynaklanacaktır. Tüketilen elektrik miktarı açısından değişim % 8 gibi cüzi bir değerde kalmıştır. Her il için kendi elektrik dağılımı değerlendirildiğinde oransal olarak muhtemelen en yüksek ve düşük iller Tablo 1.1-2.'de ayrıntılı bir biçimde ortaya konmuştur.

Tablo 1.1 Altı elektrik kullanımı için oransal bağlamda en yüksek ve düşük olması muhtemel iller

| Kullanım Alanı | En Yüksek Oransal Dağılıma Ait İl | En Düşük Oransal Dağılıma Ait İl |
|---|---|---|
| Meskenlerde | Iğdır | Çanakkale |
| Ticarethanelerde | Şırnak | Osmaniye |
| Resmi Daire | Şırnak | Osmaniye |
| Sanayi | Çanakkale | Hakkâri |
| Tarımsal Sulama | Aksaray | Rize |
| Aydınlatma | Hakkâri | Osmaniye |

Tablo 1. 2 Altı elektrik kullanımı için miktar bağlamda en yüksek ve düşük olması muhtemel iller

| Kullanım Alanı | En Yüksek Değere Ait İl | En Düşük Değere Ait İl |
|---|---|---|
| Meskenlerde | İstanbul | Tunceli |
| Ticarethanelerde | İstanbul | Bayburt |
| Resmi Daire | İstanbul | Bayburt |
| Sanayi | Kocaeli | Hakkâri |
| Tarımsal Sulama | Konya | Rize |
| Aydınlatma | İstanbul | Şırnak |

Toplam enerji tüketim değerlerinde beklendiği üzere İstanbul altı elektrik kulanım sahası içinde dört başlıkta birinci olması muhtemeldir. Sanayide tüketilen elektrik bağlamında Kocaeli'nin İstanbul'u geçeceği düşülmektedir. Tarımsal sulama bağlamında en yüksek elektrik tüketimi Türkiye'nin tahıl ambarı olarak değerlendirilen Konya'da gerçekleşeceği öngörülmektedir. Belirlenen altı kategoride en düşük değerlerin yer aldığı iller; Tunceli, Bayburt, Hakkâri, Ardahan, Rize ve Şırnak olarak sıralanması muhtemeldir.

Türkiye için elektrik kullanımının sektörlere göre muhtemel dağılım hesaplanarak Şekil 1.6'da grafiksel olarak verilmiştir. Yapılan öngörüler noktasında elektrik kullanımında en yüksek paya Sanayi'nin ulaşacağı düşünülmektedir. Sanayi'yi sırasıyla Meskenler, Ticarethanelerin izleyeceği hesaplanmaktadır. Sanayi, Meskenler ve Ticarethanelerdeki elektrik kullanımı toplam içinde %85'lik bir değere ulaşması muhtemeldir. Bu üç kullanım şekli için enerji verimliliğinin ne derece önemli olduğu ortadadır. Özellikle sanayide ve meskenlerdeki enerji verimliliği ülke ekonomisi için büyük önem arz etmektedir.

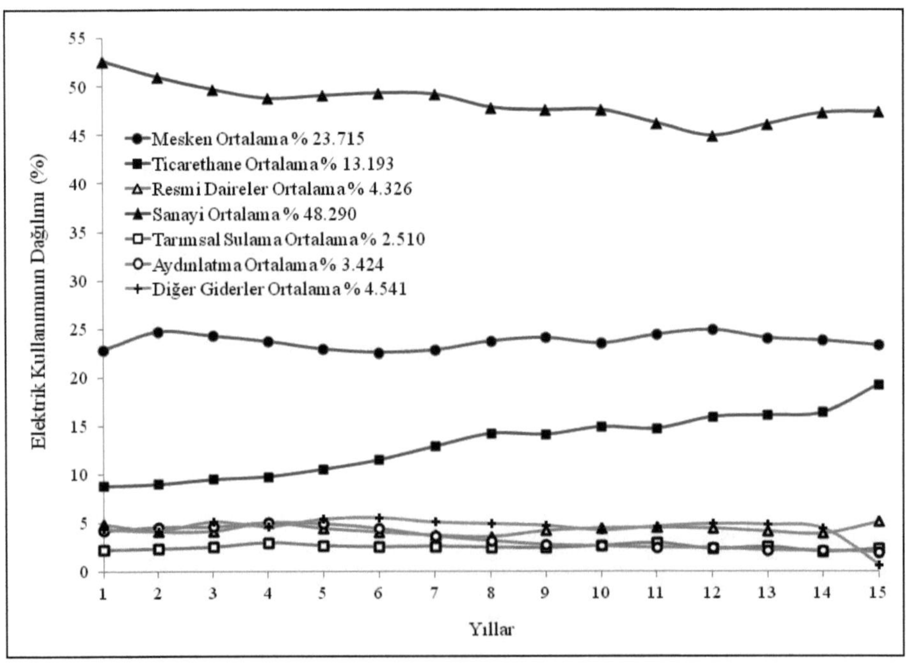


Şekil 1.6 Türkiye için Elektrik Kullanımının Sektörlere Göre Muhtemel Dağılım

## 1.2.Meskenler İçin Elektrik Tüketim Değerlendirmesi

Türkiye için meskenlerde elektrik tüketimi değerlendirmesi yapabilmek için ortalama elektrik tüketim miktarlarının belirlenmesi büyük önem taşımaktadır. Yapılan kabuller noktasında, Türkiye için meskenlerde ortalama elektrik tüketimi aylık bazda 142.3 kWh/ay olarak öngörülmektedir. Bu değer Türkiye genelinde oluşan kayıp-kaçak oranından arındırıldığında 111 kWh/ay seviyesine düşmektedir. Değişim bağlamında maksimum 165.3 kWh/ay ile minimum 116.0 kWh/ay değerleri arasında bir dalgalanma gösterebileceği tahmin edilmektedir. Oluşabilecek dalgalanma değerini gösteren grafik Şekil 1.7'de verilmektedir. Ortaya koyduğumuz yaklaşımda tüm iller için 'mesken elektrik dağılım katsayısı (MEDK)' kullanılarak incelenen ile ait ortalama aylık elektrik tüketim miktarlarına ulaşılabilmesi mümkündür. MEDK değeri ile Türkiye mesken ortalama elektrik tüketim değerinin çarpımı ile incelemenin yapıldığı ile ait aylık ortalama elektrik tüketim değerine ulaşılabilmektedir. Aylık elektrik tüketimi bağlamında ortalamanın üzerinde ve altında bulunan iller Tablo 1.3'de iki farklı grupta değerleriyle verilmiştir. Tablo 1.3'de yer alan maksimum ve minimum ifadeleri yıllar içerisinde ortalamadan ne oranda sapma olabileceğini göstermektedir. Detaylı analizler yapılırken oluşabilecek sapma değerlerinin hesaplar içerisine risk ölçüsü oranında dahil edilmesi uygun olacaktır. Tablo 1.3'de verilen kayıp kaçak oranı katsayıları değeri (KKOK) Türkiye ortalaması 1 değerine eşit olacak biçimde oluşturulmuştur. KKOK değerinin 0.5 olması Türkiye ortalama kayıp-kaçak oranı değerinin yarısı anlamına gelmektedir. Kayıp-kaçak oranı bağlamında 13 ilin (Şırnak, Mardin, Diyarbakır, Hakkari, Batman, ŞanlıUrfa, Ağrı, Muş, Van, Bitlis, Siirt, Iğdır, Bingöl) ortamanın üstünde olabileceği öngörülmektedir. Örnek inceleme açısından, İstanbul ili için MEDK değeri 1.131 olarak öngörülmektedir. Bu değer İstanbul'daki bir evin Türkiye ortalama tüketim değerinden %13.1 üzerinde elektrik tükettiğini ifade etmektedir. Yıllara bağlı olarak, sapmanın %9.4 artı ve %7.8 eksi değerde gerçekleşebileceği görülmektedir. İstanbul için MEDK değerini ortalama tüketim değeriyle çarptığımızda 161 kWh/ay değerine ulaşılabilmektedir.

Tablo 1.3 İller için mesken elektrik dağılım katsayısı (MEDK) ve kayıp kaçak oran katsayısı (KKOK) değerleri

| **İller** | **MEDK (-)** | **Mak. (%)** | **Min. (%)** | **KKOK (-)** | **İller** | **MEDK (-)** | **Mak. (%)** | **Min. (%)** | **KKOK (-)** |
|---|---|---|---|---|---|---|---|---|---|
| Ardahan | 2.010 | 11.2 | -19.0 | 0.359 | Sinop | 1.113 | 7.2 | -6.8 | 0.441 |
| Düzce | 1.691 | 14.4 | -27.6 | 0.318 | Iğdır | 1.109 | 36.0 | -51.1 | 1.623 |
| Ağrı | 1.503 | 25.5 | -39.5 | 2.818 | Bolu | 1.103 | 15.5 | -31.8 | 0.223 |
| Kars | 1.296 | 22.2 | -14.8 | 0.986 | Adıyaman | 1.097 | 12.7 | -9.7 | 0.495 |
| Bartın | 1.286 | 11.6 | -18.2 | 0.409 | Erzurum | 1.074 | 13.9 | -19.6 | 0.518 |
| Ş.Urfa | 1.197 | 45.5 | -49.1 | 2.891 | Muş | 1.060 | 30.1 | -34.3 | 2.459 |
| Bayburt | 1.190 | 9.9 | -4.2 | 0.641 | Edirne | 1.036 | 7.3 | -7.3 | 0.332 |
| Artvin | 1.181 | 6.1 | -3.8 | 0.532 | Zonguldak | 1.032 | 10.5 | -13.0 | 0.600 |
| Muğla | 1.176 | 19.2 | -17.2 | 0.391 | Samsun | 1.023 | 4.7 | -5.2 | 0.264 |
| İstanbul | 1.131 | 9.4 | -7.8 | | Ankara | 1.012 | 10.5 | -10.0 | 0.373 |
| Sakarya | 1.123 | 13.0 | -9.2 | 0.505 | Adana | 1.010 | 17.8 | -20.7 | 0.509 |
| Van | 1.121 | 26.5 | -35.9 | 2.264 | | | | | |
| **İller** | **MEDK (-)** | **Mak. (%)** | **Min. (%)** | **KKOK (-)** | **İller** | **MEDK (-)** | **Mak. (%)** | **Min. (%)** | **KKOK (-)** |
| İzmir | 0.999 | 13.2 | -8.1 | 0.355 | Diyarbakır | 0.833 | 29.0 | -40.0 | 3.332 |
| Rize | 0.997 | 4.7 | -5.8 | 0.341 | Uşak | 0.819 | 6.0 | -3.9 | 0.200 |
| Hatay | 0.992 | 13.8 | -12.7 | 0.700 | Çorum | 0.818 | 7.5 | -9.7 | 0.259 |
| Antalya | 0.984 | 9.4 | -9.9 | 0.473 | Bilecik | 0.817 | 8.4 | -16.4 | 0.182 |
| Kırklareli | 0.973 | 7.8 | -3.9 | 0.218 | Bitlis | 0.816 | 18.0 | -30.4 | 2.077 |
| Kilis | 0.973 | 8.1 | -9.7 | 0.327 | Ordu | 0.812 | 10.2 | -8.0 | 0.364 |
| Çanakkale | 0.964 | 11.0 | -20.7 | 0.268 | Eskişehir | 0.809 | 10.9 | -10.6 | 0.436 |
| Siirt | 0.962 | 19.4 | -21.7 | 1.882 | Malatya | 0.794 | 4.9 | -5.4 | 0.532 |
| Tunceli | 0.961 | 7.6 | -5.5 | 0.600 | Denizli | 0.791 | 6.8 | -7.2 | 0.273 |
| Kastamonu | 0.956 | 20.5 | -13.0 | 0.523 | Kayseri | 0.790 | 9.4 | -6.3 | 0.318 |
| Hakkâri | 0.944 | 19.3 | -21.5 | 3.223 | Yalova | 0.784 | 11.4 | -16.3 | 0.514 |
| Kocaeli | 0.938 | 18.6 | -24.3 | 0.250 | Gümüşhane | 0.783 | 11.3 | -11.8 | 0.273 |
| Giresun | 0.925 | 9.9 | -15.8 | 0.618 | Balıkesir | 0.782 | 9.4 | -17.7 | 0.405 |
| K.Maraş | 0.918 | 18.8 | -48.5 | 0.264 | Tokat | 0.779 | 9.3 | -8.6 | 0.459 |
| Sivas | 0.915 | 6.7 | -7.5 | 0.300 | Kırşehir | 0.774 | 7.8 | -9.2 | 0.355 |
| Aydın | 0.906 | 15.6 | -11.0 | 0.427 | Erzincan | 0.757 | 11.3 | -7.0 | 0.314 |
| Trabzon | 0.906 | 10.8 | -5.4 | 0.445 | Konya | 0.750 | 7.6 | -18.5 | 0.382 |
| Şırnak | 0.906 | 49.0 | -61.2 | 3.573 | Nevşehir | 0.718 | 9.4 | -18.1 | 0.373 |
| Tekirdağ | 0.896 | 6.7 | -5.9 | 0.327 | Burdur | 0.709 | 6.1 | -8.4 | 0.368 |
| Bingöl | 0.890 | 14.8 | -14.8 | 1.341 | Aksaray | 0.704 | 8.1 | -16.8 | 0.459 |
| İçel | 0.889 | 12.9 | -10.1 | 0.536 | Çankırı | 0.700 | 9.0 | -9.8 | 0.345 |
| Bursa | 0.881 | 8.0 | -10.3 | 0.300 | Kırıkkale | 0.676 | 11.2 | -9.6 | 0.264 |
| Manisa | 0.863 | 14.4 | -18.6 | 0.436 | Karaman | 0.672 | 10.8 | -9.2 | 0.477 |
| Gaziantep | 0.859 | 12.8 | -10.8 | 0.600 | Yozgat | 0.666 | 12.3 | -7.0 | 0.445 |
| Amasya | 0.855 | 5.8 | -8.6 | 0.386 | Kütahya | 0.642 | 6.8 | -10.3 | 0.300 |
| Batman | 0.851 | 22.5 | -25.4 | 3.164 | Isparta | 0.638 | 6.0 | -7.5 | 0.273 |
| Karabük | 0.850 | 11.3 | -34.3 | 0.223 | Afyon | 0.632 | 8.6 | -12.6 | 0.427 |
| Osmaniye | 0.848 | 12.2 | -14.9 | 0.414 | Mardin | 0.626 | 16.5 | -21.5 | 3.455 |
| Elazığ | 0.839 | 9.6 | -11.9 | 0.227 | Niğde | 0.612 | 15.0 | -61.6 | 0.482 |

Türkiye ortalaması esas alındığında meskenlerdeki günlük ortalama elektrik tüketim miktarı 4.68 kWh/gün seviyesindedir. Bu değerden yola çıkarak konutlarda saatlik ortalama 194.9 Wh elektrik tüketimi bulunduğuna ulaşılabilmektedir. Mesken elektrik dağılım katsayıları incelendiğinde Türkiye ortalamasına en yakın değerler Adana, İzmir ve Rize illerinde oluşacağı öngörülmektedir. Ancak Adana ve İzmir illerinde oluşması muhtemel dalgalanmanın Rize ili ile karşılaştırıldığında daha yüksek bir seviyede olması noktasında Rize ili Türkiye açısından meskenlerde elektrik örnek incelemelerine uygun bir il olarak karşımıza çıkarmaktadır. Tablo 1.3. değerlerinden görüldüğü üzere, Rize ili için oluşması muhtemel dalgalanmanın ±%5 dolaylarındadır. Elektrik tüketimindeki muhtemel dalgalanmanın en önemli sebeplerinden üçü; gelişmiklik düzeyi, mevsimsel koşullardaki değişim ve kayıp-kaçak değerleridir. Tablo 1.3'deki MEDK değerleri incelendiğinde, 23 il ortalamanın üzerinde yer alırken 58 il ortalamanın altında kalmaktadır. Meskenlerde en düşük elektrik tüketim değerine sahip olan il olarak Niğde öngörülmektedir. Niğde ili meskenler açısından ortalamanın %38.8 daha aşağısında yer alacağı hesaplanmıştır. Meskenlerde yıllara bağlı elektrik tüketimindeki oluşabilecek olası dalgalanma Şekil 1.5'de ortaya konmuştur. Bu yaklaşım doğrultusunda konutlardaki elektrik tüketim miktarının arttığı anacak belli bir noktadan sonra bu değerin sabitleneceği öngörülmektedir. Türkiye ortalaması bağlamında sabitleneceği noktanın 170 kWh/ay elektrik gereksinimi olarak öngörülmektedir.

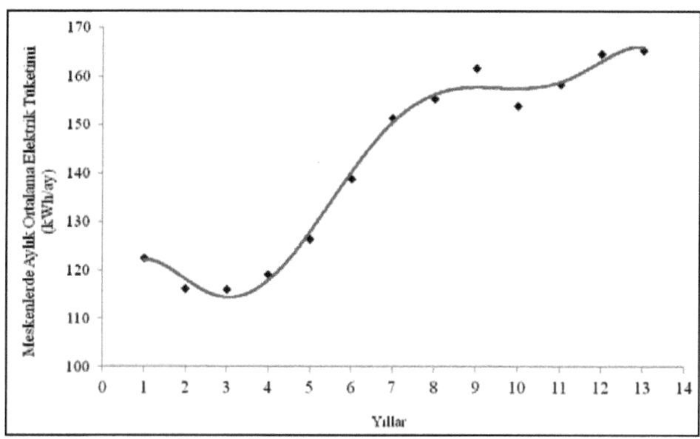


Şekil 1.7 Meskenlerde yıllara bağlı elektrik tüketimindeki oluşabilecek olası dalgalanma

### 1.2.1.Meskenler İçin Saatlik Elektrik Yük Talebinin Belirlenmesi

Yenilenebilir enerji sistemlerinin boyutlandırması yapılırken aylık ve saatlik yük taleplerinin tespit edilmesi öncelikli noktalardan biri olarak karşımıza çıkmaktadır. Yenilenebilir enerji sistem bileşenleri boyutlandırılırken birçok program daha ayrıntılı sonuçlar için saatlik yük talebine ihtiyaç duyulmaktadır. Bu gereksinimden yola çıkarak tüm Türkiye bağlamında her ay ve saat için muhtemel dağılım tahmin edilmeye çalışılmıştır. Türkiye ortalaması bağlamınıda saatlik ve aylık ortalama yük talebine 1 katsayısı verilmiştir. Bu kabule bağlı aylık değişim tespit edilmiş ve Şekil 1.8'da verilmiştir. Şekil 1.8'da görüleceği üzere aylık bazda dağılım belirli bir trend içerisinde hareket etmemektedir. Konutlarda elektrik gereksinimi Ağustos ayında en yüksek seviyesine ulaşırken Mayıs ayında en düşük seviyesine gerileyeceği öngörülmektedir. Ortalama talebin üzerinde olan aylar Temmuz, Ağustos ve Aralık olarak gerçekleşmesi muhtemeldir. Temmuz ve Ağustos aylarında dış sıcaklıktaki artışla serinleme amaçlı elektrik tüketimi gözle görülür ölçüde artacağı düşünülmektedir. Ağustos ayındaki talebin, ortalama talebin %14.7 üzerine çıkacağı öngörülmektedir. Mayıs ayı içinde ise elektrik talebinde, ortalama baz alındığında % 6.2 seviyesinde bir gerilemenin olacağı öngörülmektedir. Haziran ve Eylül aylarında ortalama değerlere yakın bir dağılım sergileneceği öngörülmektedir. Şekil 1.6'da verilen grafiğe ait tablo değerleri Tablo 1.4'de verilmektedir.

Aylık ortalama elektrik tüketim katsayıları kullanılarak belirlenen herhangi bir mesken için muhtemel aylık ne kadar elektrik talebinin olacağı tespit edilebilmesi mümkündür. Örnek inceleme için Bursa'yı aldığımızda, MEDK katsayısının 0.881 olduğunu bilmekteyiz. Bu değeri ortalama mesken elektrik talebiyle (142.3 kWh/ay) çarptığımızda aylık 125 kWh elektrik ihtiyacının oluşacağı hesaplanabilmektedir. Bu değer aylık ortalama elektrik tüketim katsayılarında 1 değerine karşılık gelmektedir. Tablo 1.4'de verilen aylık ortalama elektrik tüketim katsayıları ile 125 kWh/ay değerini çarptığımızda aylık ortalama elektrik talep miktarını tespit edebilmekteyiz. Örnek gösterim için çarpma işlemi sonrasında oluşan sonuçlar Tablo 1.5'te verilmektedir.

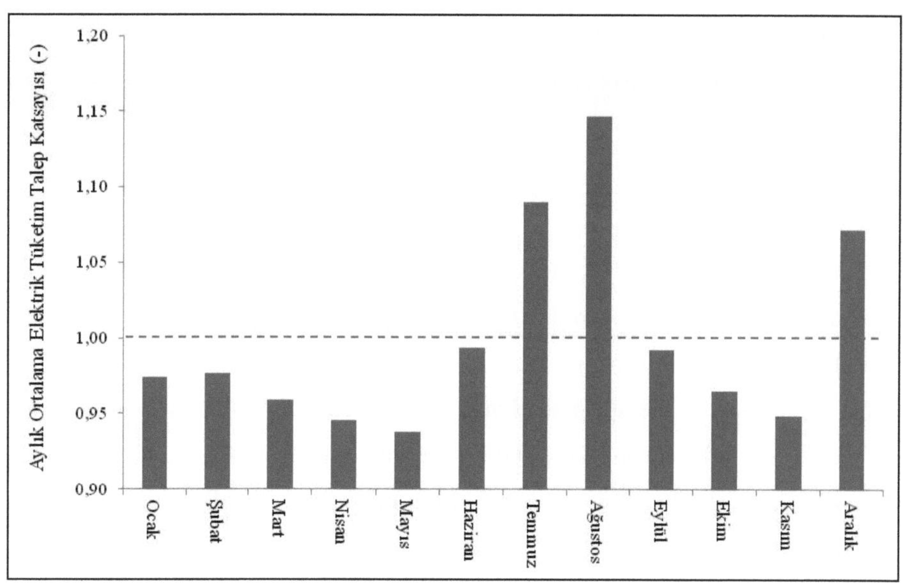


Şekil 1.8 Aylık ortalama elektrik tüketim katsayındaki değişim

Tablo 1.4 Aylık ortalama elektrik tüketim katsayıları

| Ocak | Şubat | Mart | Nisan | Mayıs | Haziran |
|---|---|---|---|---|---|
| 0.9740 | 0.9763 | 0.9588 | 0.9454 | 0.9378 | 0.9939 |
| Temmuz | Ağustos | Eylül | Ekim | Kasım | Aralık |
| 1.0902 | 1.1467 | 0.9924 | 0.9650 | 0.9489 | 1.0716 |

Tablo 1.5 Bursa iline ait bir mesken için aylık ortalama elektrik talepleri

| Ocak | Şubat | Mart | Nisan | Mayıs | Haziran |
|---|---|---|---|---|---|
| 121.8 kWh | 122.0 kWh | 119.9 kWh | 118.2 kWh | 117.2 kWh | 124.2 kWh |
| Temmuz | Ağustos | Eylül | Ekim | Kasım | Aralık |
| 136.3 kWh | 143.3 kWh | 124.0 kWh | 120.6 kWh | 118.6 kWh | 133.9 kWh |

Aylık dağılım değerlerinin tespiti sonrasında incelenen aya ait saatlik yük taleplerinin belirlenmesi gerekmektedir. Her aya ait öngörülen muhtemel saatlik yük talep dağılımları Şekil 1.9-11'de verilmiştir. Dörder aylık süreçler şeklinde verilen grafiklerden de görüldüğü üzere saatlik elektrik tüketim talep katsayıları bulunmaktadır. Şekil 1.9-11 arasında gösterilen dağılımlar için tam değerler Tablo

1.6-7 arasında verilmiştir. Belirlenen herhangi bir il ve ay için istenen saat aralığında meskenlerde ortalama elektrik talebini (${}^{İl}Elk_{saat}^{Ay}$) Wh cinsinden belirlememizi sağlayan formül aşağıda verilmiştir.

$${}^{İl}Elk_{saat}^{Ay} = MEDK \cdot SOETD \cdot SETTK_{saat}^{Ay} \quad (1.1)$$

Formülde yer alan *MEDK*; mesken elektrik dağılım katsayısını, *SOETD*; Saatlik ortalama elektrik tüketim değerini, *SETTK*; saatlik elektrik tüketim talep katsayısını ifade etmektedir. Hesaplamanın daha kolay anlaşılabilmesi için örnek gösterim aşağıda yapılmaktadır. Hesaplamada İzmir ilinde yer alan bir meskende ocak ayında saat 12:00 ile 13:00 arasındaki elektrik talebini belirlenecektir. İlgili tablolardan alınan MEDK, SOETD ve SETTK değerleri formülde yerine konduğunda,

$${}^{İzmir}Elk_{12-13}^{Ocak} = MEDK \cdot SOETD \cdot SETTK_{12-13}^{Ocak}$$

$${}^{İzmir}Elk_{12-13}^{Ocak} = 0.999 \cdot 194.9\,Wh \cdot 1.0601 = 206.4\,Wh$$

Ocak ayında saat 12:00 ile 13:00 arasında ortalama 206.4Wh'lik muhtemel bir enerji talebinin olacağı hesaplanmaktadır. Saatlik elektrik tüketim talep katsayıları incelendiğin de aylara bağlı ufak değişimler olsa bile, belirli bir trendin olduğu gözlemlenebilmektedir. Dağılım genel anlamda gece 23:00 den sonra azalarak sabahın ilk saatlerinde en düşük değerlerini almaktadır. Sabahın ilk saatlerinden sonra tekrar artış trendine girmektedir. Aylık ve saatlik bağlamda inceleme yapıldığında en yüksek SETTK değerine Ağustos ayı saat 14:00 ile 15:00 arasında, en düşük değere ise Mayıs ayı saat 6:00 ile 7:00 arasında rastlanması muhtemeldir. Yıllık bazda tüm Türkiye için muhtemel SETTK dağılımı Şekil 1.10'da verilmektedir. Şekilden görüleceği üzere saatlik olarak toplamda en yüksek elektrik talebinin oluştuğu saat aralığı 11:00 ile 12:00 arasında gerçekleşmektedir. Belirtilen saat aralığı için ortalama değerler referans alındığında %12 daha yüksek bir elektrik tüketimi oluşması muhtemeldir. Saatlik olarak toplamda en düşük elektrik talebinin oluştuğu saat aralığı 6:00 ile 7:00 arasında gerçekleşeceği öngörülmektedir. Yıllık bazda değerlendirme yapıldığında saatlik yük talepleri arasında %37 oranında bir fark oluşabilmesi muhtemeldir.

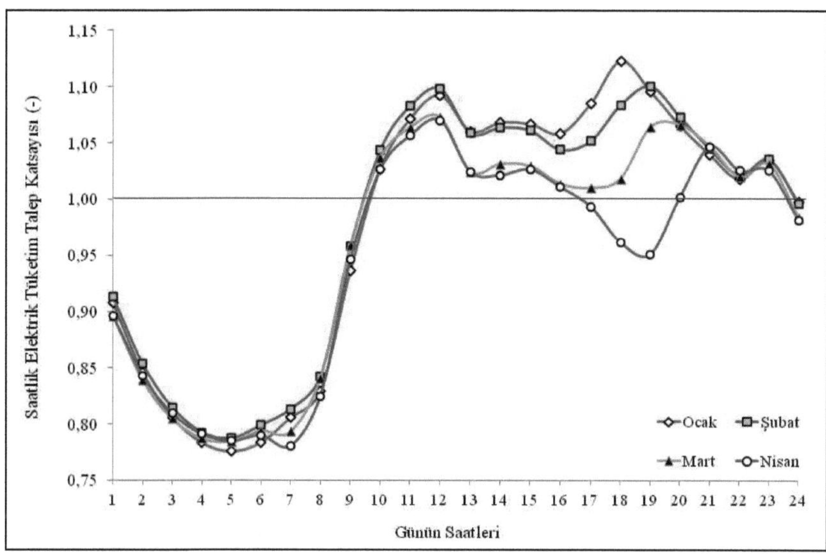


Şekil 1.9 Ocak-Nisan dönemi için saatlik tüketim talep katsayısındaki değişim

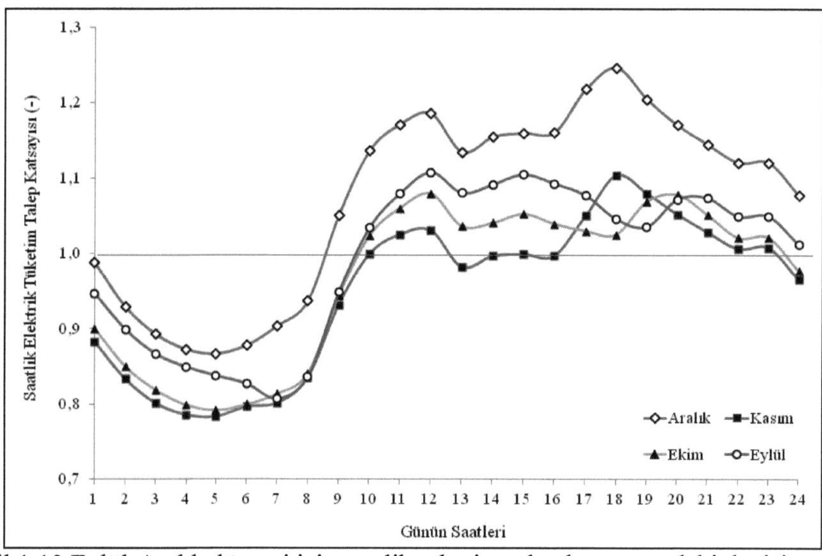


Şekil 1.10 Eylül-Aralık dönemi için saatlik tüketim talep katsayısındaki değişim

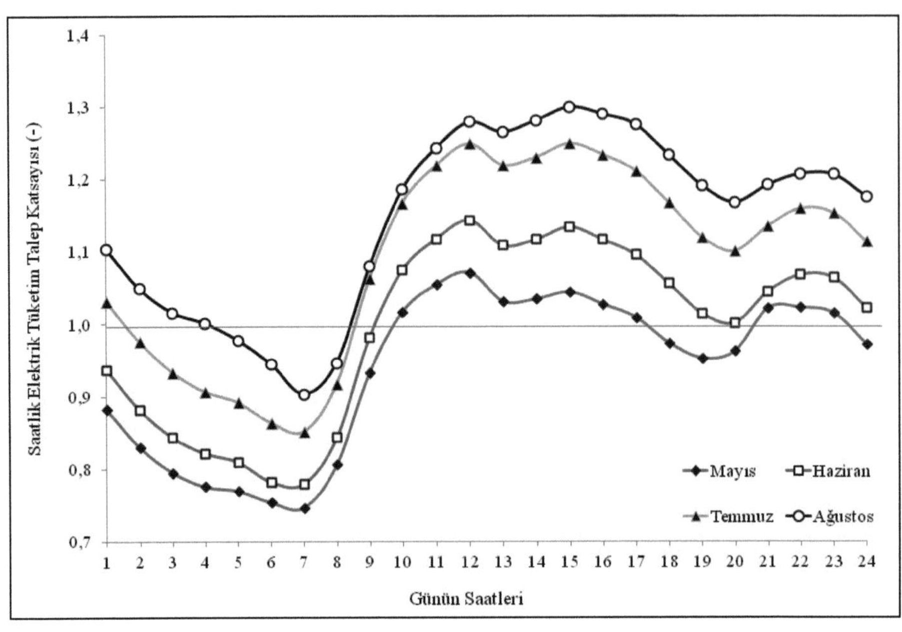


Şekil 1.11 Mayıs-Ağustos dönemi için saatlik tüketim talep katsayısındaki değişim

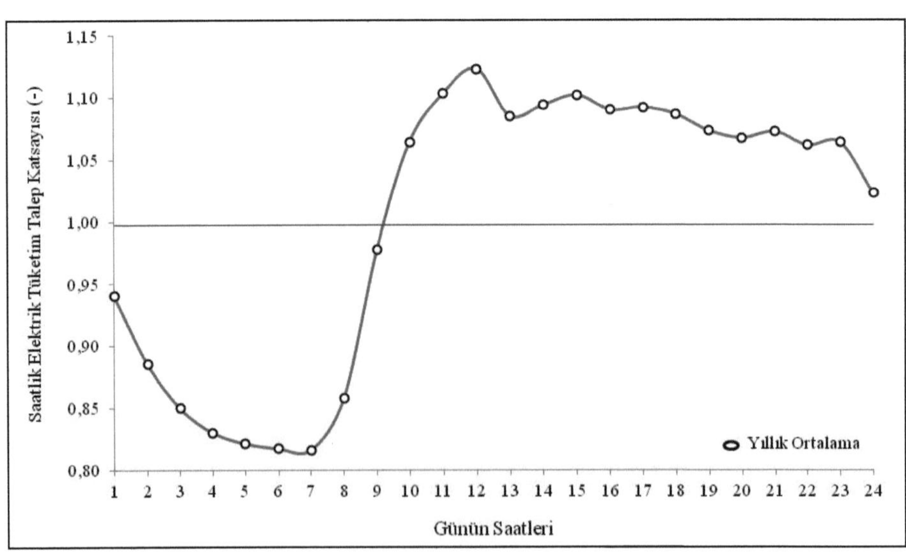


Şekil 1.12 Yıllık bazda tüm Türkiye için muhtemel SETTK dağılımı

Tablo 1.6 Ocak-Haziran dönemi için saatlik tüketim talep katsayıları

| Saat Aralığı | Ocak | Şubat | Mart | Nisan | Mayıs | Haziran |
|---|---|---|---|---|---|---|
| 00:00-01:00 | 0.9077 | 0.9131 | 0.8965 | 0.8964 | 0.8825 | 0.9371 |
| 01:00-02:00 | 0.8461 | 0.8536 | 0.8391 | 0.8430 | 0.8301 | 0.8812 |
| 02:00-03:00 | 0.8060 | 0.8144 | 0.8047 | 0.8094 | 0.7954 | 0.8431 |
| 03:00-04:00 | 0.7836 | 0.7923 | 0.7872 | 0.7910 | 0.7759 | 0.8211 |
| 04:00-05:00 | 0.7757 | 0.7870 | 0.7844 | 0.7847 | 0.7700 | 0.8094 |
| 05:00-05:00 | 0.7836 | 0.7986 | 0.7937 | 0.7898 | 0.7537 | 0.7817 |
| 06:00-07:00 | 0.8056 | 0.8130 | 0.7933 | 0.7805 | 0.7469 | 0.7791 |
| 07:00-08:00 | 0.8291 | 0.8419 | 0.8408 | 0.8246 | 0.8063 | 0.8429 |
| 08:00-09:00 | 0.9360 | 0.9578 | 0.9588 | 0.9463 | 0.9333 | 0.9819 |
| 09:00-10:00 | 1.0267 | 1.0436 | 1.0364 | 1.0263 | 1.0169 | 1.0743 |
| 10:00-11:00 | 1.0711 | 1.0828 | 1.0634 | 1.0564 | 1.0545 | 1.1170 |
| 11:00-12:00 | 1.0922 | 1.0985 | 1.0727 | 1.0701 | 1.0713 | 1.1434 |
| 12:00-13:00 | 1.0601 | 1.0586 | 1.0243 | 1.0243 | 1.0314 | 1.1083 |
| 13:00-14:00 | 1.0679 | 1.0636 | 1.0314 | 1.0213 | 1.0347 | 1.1168 |
| 14:00-15:00 | 1.0664 | 1.0609 | 1.0294 | 1.0264 | 1.0442 | 1.1339 |
| 15:00-16:00 | 1.0581 | 1.0440 | 1.0137 | 1.0108 | 1.0274 | 1.1162 |
| 16:00-17:00 | 1.0852 | 1.0519 | 1.0101 | 0.9937 | 1.0093 | 1.0954 |
| 17:00-18:00 | 1.1229 | 1.0838 | 1.0183 | 0.9620 | 0.9740 | 1.0559 |
| 18:00-19:00 | 1.0960 | 1.1009 | 1.0643 | 0.9510 | 0.9531 | 1.0146 |
| 19:00-20:00 | 1.0651 | 1.0731 | 1.0662 | 1.0019 | 0.9625 | 1.0016 |
| 20:00-21:00 | 1.0398 | 1.0450 | 1.0473 | 1.0466 | 1.0220 | 1.0447 |
| 21:00-22:00 | 1.0178 | 1.0217 | 1.0201 | 1.0255 | 1.0229 | 1.0679 |
| 22:00-23:00 | 1.0349 | 1.0357 | 1.0317 | 1.0256 | 1.0153 | 1.0638 |
| 23:00-24:00 | 0.9978 | 0.9967 | 0.9842 | 0.9821 | 0.9726 | 1.0221 |

Tablo 1.7 Temmuz-Aralık dönemi için saatlik tüketim talep katsayıları

| Saat Aralığı | Temmu | Ağustos | Eylül | Ekim | Kasım | Aralık | Yıllık |
|---|---|---|---|---|---|---|---|
| 00:00-01:00 | 1.0313 | 1.1039 | 0.9464 | 0.9000 | 0.8825 | 0.9875 | 0.9404 |
| 01:00-02:00 | 0.9757 | 1.0491 | 0.8988 | 0.8499 | 0.8333 | 0.9287 | 0.8857 |
| 02:00-03:00 | 0.9335 | 1.0162 | 0.8666 | 0.8190 | 0.8015 | 0.8927 | 0.8502 |
| 03:00-04:00 | 0.9066 | 1.0011 | 0.8492 | 0.7991 | 0.7856 | 0.8726 | 0.8304 |
| 04:00-05:00 | 0.8920 | 0.9778 | 0.8377 | 0.7921 | 0.7831 | 0.8668 | 0.8217 |
| 05:00-05:00 | 0.8638 | 0.9447 | 0.8270 | 0.7997 | 0.7969 | 0.8781 | 0.8176 |
| 06:00-07:00 | 0.8517 | 0.9031 | 0.8070 | 0.8138 | 0.8017 | 0.9036 | 0.8166 |
| 07:00-08:00 | 0.9175 | 0.9466 | 0.8357 | 0.8406 | 0.8351 | 0.9366 | 0.8581 |
| 08:00-09:00 | 1.0632 | 1.0797 | 0.9479 | 0.9438 | 0.9316 | 1.0504 | 0.9776 |
| 09:00-10:00 | 1.1672 | 1.1862 | 1.0338 | 1.0238 | 0.9993 | 1.1359 | 1.0642 |
| 10:00-11:00 | 1.2186 | 1.2428 | 1.0792 | 1.0601 | 1.0250 | 1.1711 | 1.1035 |
| 11:00-12:00 | 1.2490 | 1.2792 | 1.1074 | 1.0791 | 1.0304 | 1.1853 | 1.1232 |
| 12:00-13:00 | 1.2197 | 1.2654 | 1.0800 | 1.0360 | 0.9821 | 1.1339 | 1.0853 |
| 13:00-14:00 | 1.2303 | 1.2815 | 1.0912 | 1.0405 | 0.9967 | 1.1545 | 1.0942 |
| 14:00-15:00 | 1.2492 | 1.2999 | 1.1045 | 1.0521 | 0.9989 | 1.1595 | 1.1021 |
| 15:00-16:00 | 1.2340 | 1.2903 | 1.0924 | 1.0392 | 0.9971 | 1.1605 | 1.0903 |
| 16:00-17:00 | 1.2117 | 1.2759 | 1.0768 | 1.0299 | 1.0501 | 1.2178 | 1.0923 |
| 17:00-18:00 | 1.1675 | 1.2341 | 1.0457 | 1.0253 | 1.1036 | 1.2461 | 1.0866 |
| 18:00-19:00 | 1.1197 | 1.1918 | 1.0353 | 1.0688 | 1.0798 | 1.2043 | 1.0733 |
| 19:00-20:00 | 1.1007 | 1.1683 | 1.0716 | 1.0778 | 1.0519 | 1.1704 | 1.0676 |
| 20:00-21:00 | 1.1349 | 1.1926 | 1.0734 | 1.0511 | 1.0283 | 1.1440 | 1.0725 |
| 21:00-22:00 | 1.1599 | 1.2076 | 1.0490 | 1.0209 | 1.0062 | 1.1201 | 1.0616 |
| 22:00-23:00 | 1.1536 | 1.2067 | 1.0494 | 1.0211 | 1.0077 | 1.1201 | 1.0638 |
| 23:00-24:00 | 1.1134 | 1.1764 | 1.0120 | 0.9769 | 0.9654 | 1.0768 | 1.0230 |

### 1.2.2.Meskenler İçin Ayın Günlerine Bağlı Elektrik Yük Talebinin Belirlenmesi

Ayın günlerine bağlı olarak saatlik güç taleplerinde farklılık göstereceği öngörülmektedir. Haftanın 7 gününün 4 grupta toplanabileceği öngörüsünde bulunulmuştur. Bu gruplar; Cumartesi, Pazar, Pazartesi ve Salı-Cuma arası günler olarak. Cumartesi ve Pazar günlerinde toplamdaki elektrik talebinde hafta içi günlere göre düşüş yaşanması muhtemeldir. Pazar günü en düşük seviyeye ulaşılması beklenmektedir. Bu düşüşün aylara bağlı olarak %14.1 ile %17.1 seviyesinde bir değişim göstermesi öngörülmektedir. Ocak ayı hariç Pazar günü için hafta içi günlerden %15.5 daha düşük bir elektrik kullanımının olması beklenmektedir. Ocak ayında yer alan Pazar günlerde elektrik kullanımının hafta içi günlerden %8.7 daha yüksek olması beklenmektedir. Aylara bağlı muhtemel dağılımlar Tablo 1.8-20 ile Şekil 1.13-25'de detaylı olarak verilmiştir. Bayramlar bağlamında dağılımlar ise Tablo 21 ile Şekil 26'da ortaya konmaktadır. Bayramlar içerisinde Kurban bayramında en düşük elektrik tüketim değerine ulaşılacağı düşünülmektedir.

Tablo 1.8 Ocak ayı için haftanın günlerine bağlı SETTK değerleri

| Saat | Cumartesi | Pazar | Pazartesi | Salı ile Cuma |
|---|---|---|---|---|
| 00:00-01:00 | 0.9179 | 0.9357 | 0.9462 | 0.8915 |
| 01:00-02:00 | 0.8599 | 0.8755 | 0.8801 | 0.8298 |
| 02:00-03:00 | 0.8201 | 0.8388 | 0.8420 | 0.7886 |
| 03:00-04:00 | 0.8025 | 0.8199 | 0.8237 | 0.7636 |
| 04:00-05:00 | 0.7956 | 0.8139 | 0.8197 | 0.7543 |
| 05:00-05:00 | 0.8059 | 0.8240 | 0.8297 | 0.7607 |
| 06:00-07:00 | 0.8408 | 0.8552 | 0.8595 | 0.7765 |
| 07:00-08:00 | 0.8770 | 0.8950 | 0.8944 | 0.7914 |
| 08:00-09:00 | 1.0086 | 1.0213 | 1.0216 | 0.8847 |
| 09:00-10:00 | 1.1063 | 1.1183 | 1.1131 | 0.9724 |
| 10:00-11:00 | 1.1405 | 1.1544 | 1.1481 | 1.0227 |
| 11:00-12:00 | 1.1574 | 1.1672 | 1.1618 | 1.0481 |
| 12:00-13:00 | 1.1150 | 1.1286 | 1.1239 | 1.0206 |
| 13:00-14:00 | 1.1262 | 1.1359 | 1.1343 | 1.0274 |
| 14:00-15:00 | 1.1306 | 1.1377 | 1.1374 | 1.0229 |
| 15:00-16:00 | 1.1226 | 1.1287 | 1.1288 | 1.0148 |
| 16:00-17:00 | 1.1503 | 1.1572 | 1.1569 | 1.0412 |
| 17:00-18:00 | 1.1838 | 1.1879 | 1.1865 | 1.0829 |
| 18:00-19:00 | 1.1501 | 1.1493 | 1.1486 | 1.0623 |
| 19:00-20:00 | 1.1115 | 1.1108 | 1.1162 | 1.0349 |
| 20:00-21:00 | 1.0810 | 1.0884 | 1.0906 | 1.0101 |
| 21:00-22:00 | 1.0580 | 1.0638 | 1.0686 | 0.9889 |
| 22:00-23:00 | 1.0773 | 1.0810 | 1.0836 | 1.0061 |
| 23:00-24:00 | 1.0308 | 1.0419 | 1.0446 | 0.9716 |

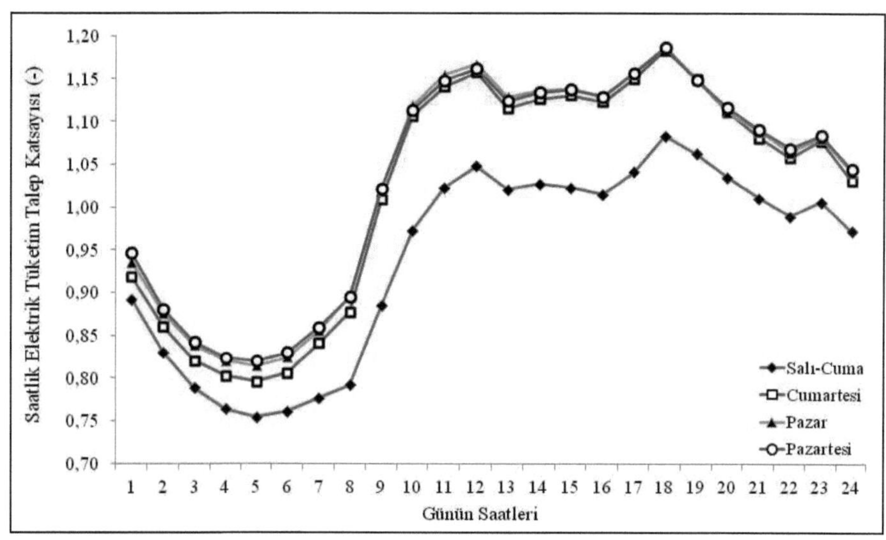


Şekil 1.13 Ocak ayı için haftanın günlerine bağlı SETTK değerinin değişimi

Tablo 1.9 Şubat ayı için haftanın günlerine bağlı SETTK değerleri

| Saat | Cumartesi | Pazar | Pazartesi | Salı ile Cuma |
|---|---|---|---|---|
| 00:00-01:00 | 0.9335 | 0.8999 | 0.8551 | 0.9258 |
| 01:00-02:00 | 0.8744 | 0.8390 | 0.7911 | 0.8677 |
| 02:00-03:00 | 0.8305 | 0.7936 | 0.7551 | 0.8305 |
| 03:00-04:00 | 0.8087 | 0.7633 | 0.7337 | 0.8102 |
| 04:00-05:00 | 0.7979 | 0.7543 | 0.7311 | 0.8064 |
| 05:00-05:00 | 0.8101 | 0.7540 | 0.7465 | 0.8198 |
| 06:00-07:00 | 0.8112 | 0.7435 | 0.7752 | 0.8403 |
| 07:00-08:00 | 0.8230 | 0.7289 | 0.8271 | 0.8785 |
| 08:00-09:00 | 0.9318 | 0.7668 | 0.9751 | 1.0077 |
| 09:00-10:00 | 1.0188 | 0.8311 | 1.0737 | 1.0954 |
| 10:00-11:00 | 1.0666 | 0.8857 | 1.1132 | 1.1285 |
| 11:00-12:00 | 1.0814 | 0.9135 | 1.1322 | 1.1407 |
| 12:00-13:00 | 1.0491 | 0.9150 | 1.0816 | 1.0911 |
| 13:00-14:00 | 1.0356 | 0.9098 | 1.0909 | 1.1023 |
| 14:00-15:00 | 1.0176 | 0.8970 | 1.0930 | 1.1046 |
| 15:00-16:00 | 0.9968 | 0.8855 | 1.0796 | 1.0865 |
| 16:00-17:00 | 0.9922 | 0.9017 | 1.0912 | 1.0945 |
| 17:00-18:00 | 1.0282 | 0.9472 | 1.1159 | 1.1239 |
| 18:00-19:00 | 1.0657 | 0.9956 | 1.1148 | 1.1325 |
| 19:00-20:00 | 1.0406 | 0.9928 | 1.0846 | 1.0983 |
| 20:00-21:00 | 1.0132 | 0.9751 | 1.0558 | 1.0676 |
| 21:00-22:00 | 0.9878 | 0.9594 | 1.0313 | 1.0433 |
| 22:00-23:00 | 1.0079 | 0.9692 | 1.0386 | 1.0585 |
| 23:00-24:00 | 0.9702 | 0.9298 | 1.0026 | 1.0185 |

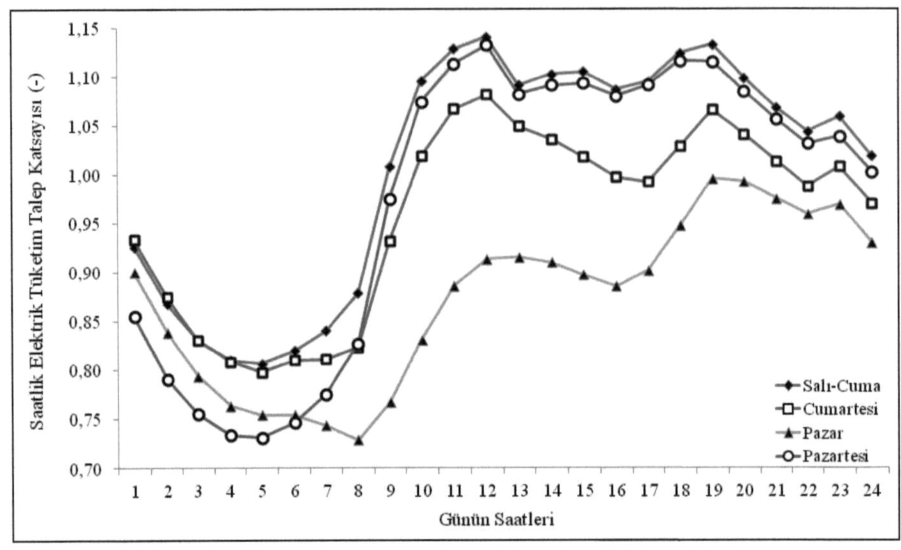


Şekil 1.14 Şubat ayı için haftanın günlerine bağlı SETTK değerinin değişimi

Tablo 1.10 Mart ayı için haftanın günlerine bağlı SETTK değerleri

| Saat | Cumartesi | Pazar | Pazartesi | Salı ile Cuma |
|---|---|---|---|---|
| 00:00-01:00 | 0.9235 | 0.8825 | 0.8480 | 0.9072 |
| 01:00-02:00 | 0.8604 | 0.8257 | 0.7906 | 0.8508 |
| 02:00-03:00 | 0.8211 | 0.7854 | 0.7558 | 0.8190 |
| 03:00-04:00 | 0.8015 | 0.7689 | 0.7397 | 0.8012 |
| 04:00-05:00 | 0.7968 | 0.7555 | 0.7373 | 0.8011 |
| 05:00-05:00 | 0.7995 | 0.7540 | 0.7522 | 0.8128 |
| 06:00-07:00 | 0.7839 | 0.7263 | 0.7675 | 0.8175 |
| 07:00-08:00 | 0.8223 | 0.7268 | 0.8353 | 0.8717 |
| 08:00-09:00 | 0.9377 | 0.7646 | 0.9828 | 0.9999 |
| 09:00-10:00 | 1.0263 | 0.8231 | 1.0742 | 1.0756 |
| 10:00-11:00 | 1.0571 | 0.8756 | 1.1006 | 1.0963 |
| 11:00-12:00 | 1.0688 | 0.8959 | 1.1085 | 1.1028 |
| 12:00-13:00 | 1.0286 | 0.8849 | 1.0670 | 1.0424 |
| 13:00-14:00 | 1.0155 | 0.8806 | 1.0722 | 1.0570 |
| 14:00-15:00 | 0.9987 | 0.8646 | 1.0766 | 1.0597 |
| 15:00-16:00 | 0.9738 | 0.8489 | 1.0600 | 1.0464 |
| 16:00-17:00 | 0.9603 | 0.8519 | 1.0559 | 1.0436 |
| 17:00-18:00 | 0.9648 | 0.8752 | 1.0600 | 1.0504 |
| 18:00-19:00 | 1.0330 | 0.9480 | 1.0848 | 1.0913 |
| 19:00-20:00 | 1.0377 | 0.9839 | 1.0796 | 1.0870 |
| 20:00-21:00 | 1.0170 | 0.9778 | 1.0605 | 1.0658 |
| 21:00-22:00 | 0.9913 | 0.9597 | 1.0328 | 1.0364 |
| 22:00-23:00 | 1.0072 | 0.9716 | 1.0384 | 1.0486 |
| 23:00-24:00 | 0.9619 | 0.9261 | 0.9852 | 1.0018 |

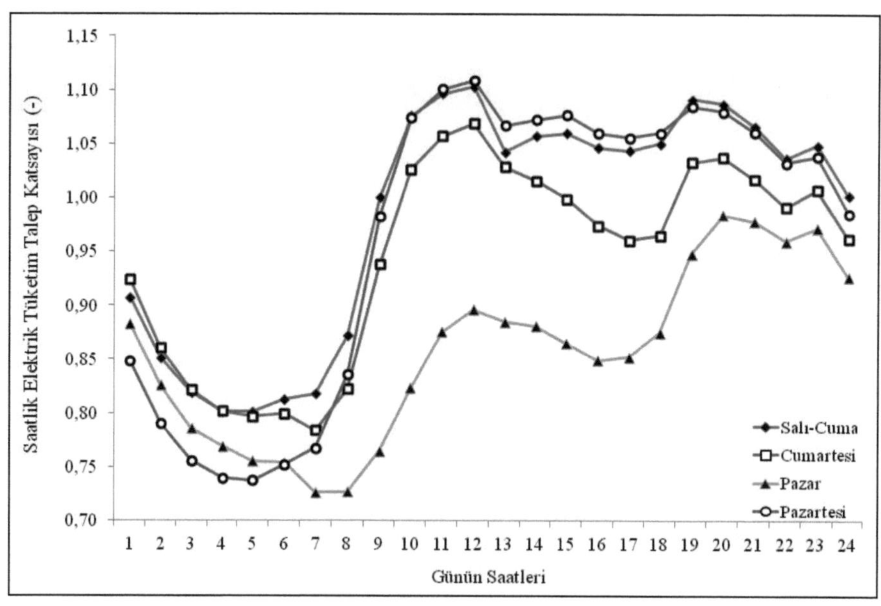


Şekil 1.15 Mart ayı için haftanın günlerine bağlı SETTK değerinin değişimi

Tablo 1.11. Nisan ayı için haftanın günlerine bağlı SETTK değerleri

| Saat | Cumartesi | Pazar | Pazartesi | Salı ile Cuma |
|---|---|---|---|---|
| 00:00-01:00 | 0.9089 | 0.8784 | 0.8378 | 0.9125 |
| 01:00-02:00 | 0.8537 | 0.8210 | 0.7829 | 0.8610 |
| 02:00-03:00 | 0.8171 | 0.7833 | 0.7497 | 0.8290 |
| 03:00-04:00 | 0.7972 | 0.7612 | 0.7351 | 0.8107 |
| 04:00-05:00 | 0.7876 | 0.7507 | 0.7313 | 0.8058 |
| 05:00-05:00 | 0.7917 | 0.7387 | 0.7416 | 0.8144 |
| 06:00-07:00 | 0.7728 | 0.7080 | 0.7464 | 0.8102 |
| 07:00-08:00 | 0.8001 | 0.7098 | 0.8127 | 0.8630 |
| 08:00-09:00 | 0.9196 | 0.7646 | 0.9632 | 0.9951 |
| 09:00-10:00 | 1.0053 | 0.8323 | 1.0551 | 1.0750 |
| 10:00-11:00 | 1.0435 | 0.8766 | 1.0895 | 1.0995 |
| 11:00-12:00 | 1.0636 | 0.9009 | 1.1015 | 1.1091 |
| 12:00-13:00 | 1.0228 | 0.8893 | 1.0520 | 1.0544 |
| 13:00-14:00 | 1.0152 | 0.8862 | 1.0606 | 1.0513 |
| 14:00-15:00 | 0.9977 | 0.8735 | 1.0649 | 1.0648 |
| 15:00-16:00 | 0.9700 | 0.8612 | 1.0486 | 1.0510 |
| 16:00-17:00 | 0.9464 | 0.8448 | 1.0325 | 1.0354 |
| 17:00-18:00 | 0.9057 | 0.8317 | 0.9972 | 1.0019 |
| 18:00-19:00 | 0.9035 | 0.8499 | 0.9766 | 0.9842 |
| 19:00-20:00 | 0.9652 | 0.9180 | 1.0222 | 1.0302 |
| 20:00-21:00 | 1.0124 | 0.9789 | 1.0611 | 1.0716 |
| 21:00-22:00 | 0.9912 | 0.9630 | 1.0420 | 1.0486 |
| 22:00-23:00 | 0.9957 | 0.9661 | 1.0381 | 1.0481 |
| 23:00-24:00 | 0.9563 | 0.9180 | 0.9869 | 1.0060 |

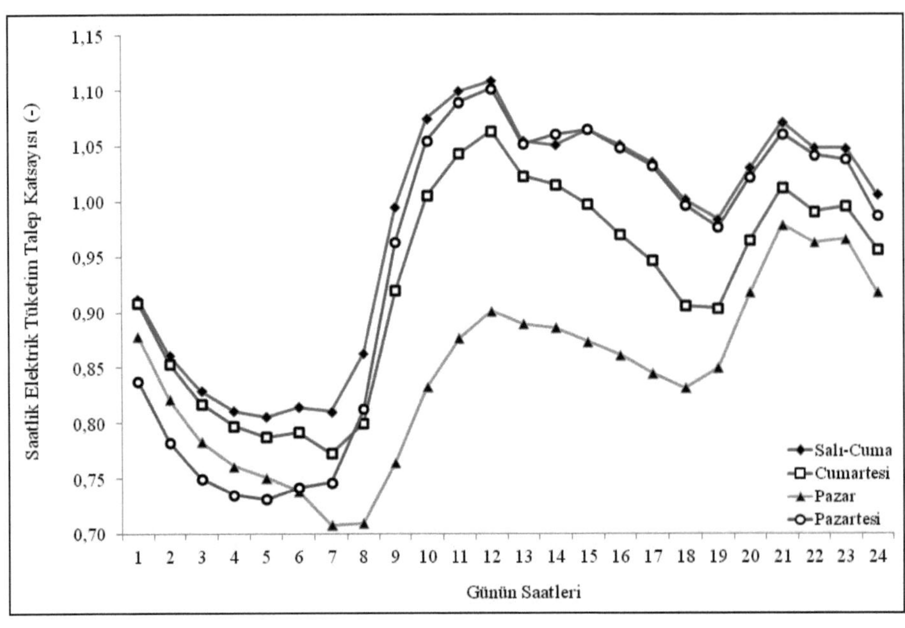


Şekil 1.16 Nisan ayı için haftanın günlerine bağlı SETTK değerinin değişimi

Tablo 1.12 Mayıs ayı için haftanın günlerine bağlı SETTK değerleri

| Saat | Cumartesi | Pazar | Pazartesi | Salı ile Cuma |
|---|---|---|---|---|
| 00:00-01:00 | 0.9021 | 0.8619 | 0.8342 | 0.9000 |
| 01:00-02:00 | 0.8516 | 0.8090 | 0.7771 | 0.8491 |
| 02:00-03:00 | 0.8105 | 0.7686 | 0.7458 | 0.8170 |
| 03:00-04:00 | 0.7889 | 0.7466 | 0.7318 | 0.7969 |
| 04:00-05:00 | 0.7821 | 0.7376 | 0.7268 | 0.7920 |
| 05:00-05:00 | 0.7658 | 0.7127 | 0.7158 | 0.7772 |
| 06:00-07:00 | 0.7480 | 0.6848 | 0.7231 | 0.7769 |
| 07:00-08:00 | 0.7913 | 0.7071 | 0.8057 | 0.8470 |
| 08:00-09:00 | 0.9144 | 0.7683 | 0.9638 | 0.9884 |
| 09:00-10:00 | 1.0049 | 0.8379 | 1.0569 | 1.0707 |
| 10:00-11:00 | 1.0478 | 0.8877 | 1.0965 | 1.1018 |
| 11:00-12:00 | 1.0688 | 0.9073 | 1.1156 | 1.1153 |
| 12:00-13:00 | 1.0347 | 0.8968 | 1.0666 | 1.0667 |
| 13:00-14:00 | 1.0314 | 0.9011 | 1.0780 | 1.0682 |
| 14:00-15:00 | 1.0248 | 0.8874 | 1.0887 | 1.0911 |
| 15:00-16:00 | 0.9938 | 0.8744 | 1.0764 | 1.0758 |
| 16:00-17:00 | 0.9687 | 0.8596 | 1.0598 | 1.0589 |
| 17:00-18:00 | 0.9296 | 0.8383 | 1.0219 | 1.0202 |
| 18:00-19:00 | 0.9226 | 0.8417 | 0.9881 | 0.9904 |
| 19:00-20:00 | 0.9430 | 0.8731 | 0.9869 | 0.9919 |
| 20:00-21:00 | 0.9980 | 0.9509 | 1.0420 | 1.0484 |
| 21:00-22:00 | 0.9958 | 0.9625 | 1.0438 | 1.0471 |
| 22:00-23:00 | 0.9844 | 0.9558 | 1.0366 | 1.0402 |
| 23:00-24:00 | 0.9449 | 0.9132 | 0.9905 | 0.9969 |

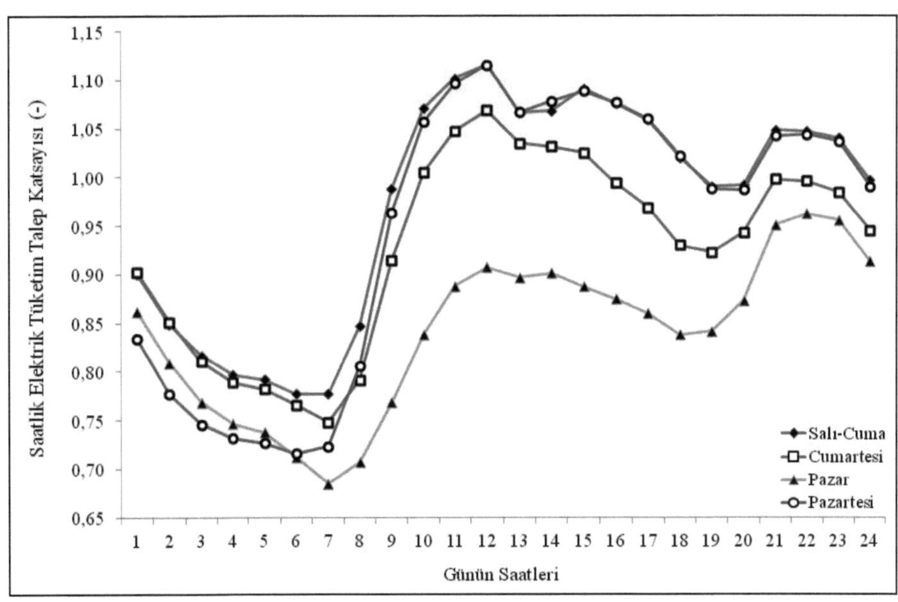


Şekil 1.17 Mayıs ayı için haftanın günlerine bağlı SETTK değerinin değişimi

Tablo 1.13 Haziran ayı için haftanın günlerine bağlı SETTK değerleri

| Saat | Cumartesi | Pazar | Pazartesi | Salı ile Cuma |
|---|---|---|---|---|
| 00:00-01:00 | 0.9571 | 0.9119 | 0.8707 | 0.9530 |
| 01:00-02:00 | 0.9012 | 0.8572 | 0.8179 | 0.8962 |
| 02:00-03:00 | 0.8588 | 0.8135 | 0.7808 | 0.8600 |
| 03:00-04:00 | 0.8331 | 0.7899 | 0.7624 | 0.8385 |
| 04:00-05:00 | 0.8213 | 0.7712 | 0.7542 | 0.8276 |
| 05:00-05:00 | 0.7899 | 0.7336 | 0.7328 | 0.8014 |
| 06:00-07:00 | 0.7813 | 0.7175 | 0.7382 | 0.8013 |
| 07:00-08:00 | 0.8372 | 0.7375 | 0.8271 | 0.8711 |
| 08:00-09:00 | 0.9637 | 0.7979 | 0.9987 | 1.0231 |
| 09:00-10:00 | 1.0569 | 0.8650 | 1.0988 | 1.1193 |
| 10:00-11:00 | 1.1080 | 0.9159 | 1.1459 | 1.1572 |
| 11:00-12:00 | 1.1275 | 0.9468 | 1.1821 | 1.1820 |
| 12:00-13:00 | 1.1024 | 0.9422 | 1.1403 | 1.1394 |
| 13:00-14:00 | 1.1085 | 0.9479 | 1.1598 | 1.1466 |
| 14:00-15:00 | 1.1022 | 0.9490 | 1.1764 | 1.1725 |
| 15:00-16:00 | 1.0740 | 0.9317 | 1.1619 | 1.1565 |
| 16:00-17:00 | 1.0456 | 0.9117 | 1.1429 | 1.1367 |
| 17:00-18:00 | 1.0057 | 0.8880 | 1.1021 | 1.0941 |
| 18:00-19:00 | 0.9787 | 0.8777 | 1.0485 | 1.0454 |
| 19:00-20:00 | 0.9718 | 0.8901 | 1.0289 | 1.0269 |
| 20:00-21:00 | 1.0184 | 0.9460 | 1.0664 | 1.0677 |
| 21:00-22:00 | 1.0410 | 0.9791 | 1.0900 | 1.0887 |
| 22:00-23:00 | 1.0359 | 0.9749 | 1.0877 | 1.0845 |
| 23:00-24:00 | 0.9950 | 0.9407 | 1.0449 | 1.0411 |

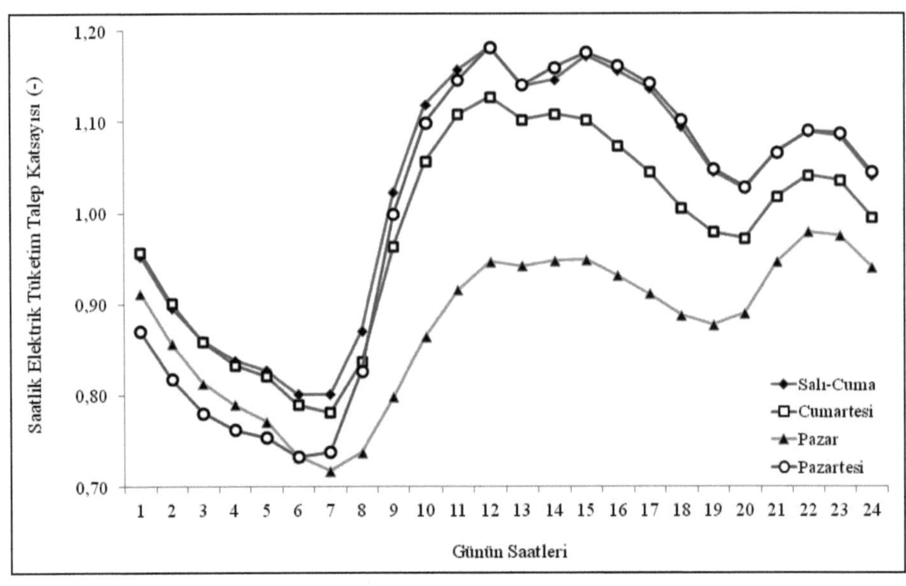


Şekil 1.18 Haziran ayı için haftanın günlerine bağlı SETTK değerinin değişimi

Tablo 1.14 Temmuz ayı için haftanın günlerine bağlı SETTK değerleri

| Saat | Cumartesi | Pazar | Pazartesi | Salı ile Cuma |
|---|---|---|---|---|
| 00:00-01:00 | 1.0482 | 0.9926 | 0.9697 | 1.0489 |
| 01:00-02:00 | 0.9930 | 0.9407 | 0.9112 | 0.9929 |
| 02:00-03:00 | 0.9480 | 0.8960 | 0.8787 | 0.9499 |
| 03:00-04:00 | 0.9172 | 0.8657 | 0.8507 | 0.9251 |
| 04:00-05:00 | 0.9027 | 0.8396 | 0.8410 | 0.9120 |
| 05:00-05:00 | 0.8774 | 0.7897 | 0.8166 | 0.8871 |
| 06:00-07:00 | 0.8597 | 0.7743 | 0.8140 | 0.8751 |
| 07:00-08:00 | 0.9155 | 0.8086 | 0.8969 | 0.9469 |
| 08:00-09:00 | 1.0435 | 0.8729 | 1.0806 | 1.1071 |
| 09:00-10:00 | 1.1453 | 0.9367 | 1.2047 | 1.2162 |
| 10:00-11:00 | 1.1992 | 0.9936 | 1.2589 | 1.2650 |
| 11:00-12:00 | 1.2296 | 1.0268 | 1.2964 | 1.2932 |
| 12:00-13:00 | 1.2028 | 1.0241 | 1.2661 | 1.2575 |
| 13:00-14:00 | 1.2097 | 1.0337 | 1.2841 | 1.2677 |
| 14:00-15:00 | 1.2052 | 1.0316 | 1.3066 | 1.2970 |
| 15:00-16:00 | 1.1826 | 1.0228 | 1.2958 | 1.2815 |
| 16:00-17:00 | 1.1516 | 1.0046 | 1.2723 | 1.2609 |
| 17:00-18:00 | 1.1117 | 0.9855 | 1.2205 | 1.2116 |
| 18:00-19:00 | 1.0852 | 0.9788 | 1.1551 | 1.1527 |
| 19:00-20:00 | 1.0774 | 0.9818 | 1.1255 | 1.1281 |
| 20:00-21:00 | 1.1132 | 1.0323 | 1.1580 | 1.1587 |
| 21:00-22:00 | 1.1327 | 1.0672 | 1.1855 | 1.1823 |
| 22:00-23:00 | 1.1186 | 1.0690 | 1.1809 | 1.1761 |
| 23:00-24:00 | 1.0823 | 1.0363 | 1.1360 | 1.1342 |

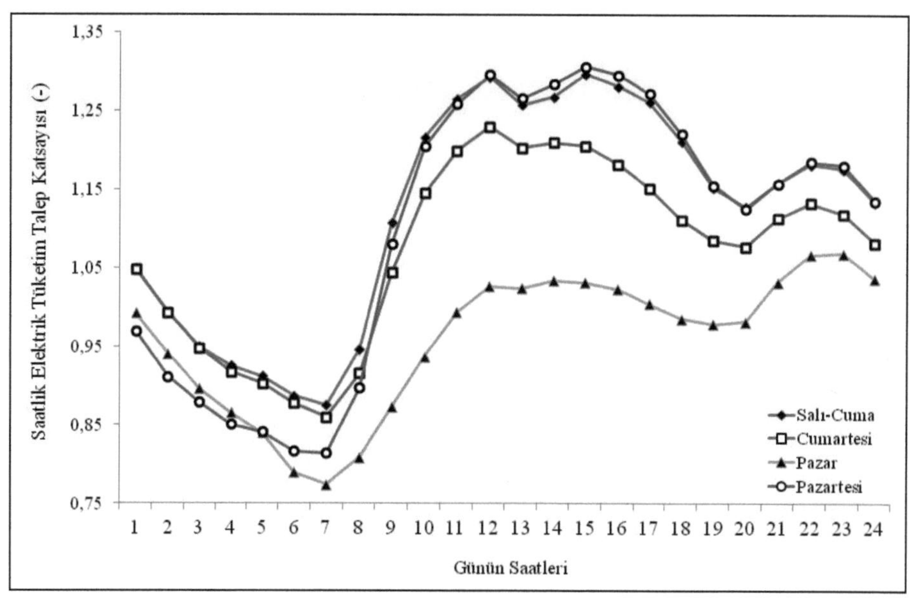


Şekil 1.19 Temmuz ayı için haftanın günlerine bağlı SETTK değerinin değişimi

Tablo 1.15 Ağustos ayı için haftanın günlerine bağlı SETTK değerleri

| Saat | Cumartesi | Pazar | Pazartesi | Salı ile Cuma |
|---|---|---|---|---|
| 00:00-01:00 | 1.1305 | 1.0724 | 1.0414 | 1.1271 |
| 01:00-02:00 | 1.0750 | 1.0195 | 0.9833 | 1.0720 |
| 02:00-03:00 | 1.0446 | 0.9805 | 0.9482 | 1.0407 |
| 03:00-04:00 | 1.0239 | 0.9642 | 0.9430 | 1.0243 |
| 04:00-05:00 | 0.9978 | 0.9366 | 0.9189 | 1.0029 |
| 05:00-05:00 | 0.9639 | 0.8976 | 0.8939 | 0.9700 |
| 06:00-07:00 | 0.9187 | 0.8454 | 0.8647 | 0.9300 |
| 07:00-08:00 | 0.9501 | 0.8534 | 0.9355 | 0.9810 |
| 08:00-09:00 | 1.0618 | 0.9024 | 1.1147 | 1.1338 |
| 09:00-10:00 | 1.1696 | 0.9660 | 1.2416 | 1.2488 |
| 10:00-11:00 | 1.2260 | 1.0242 | 1.2974 | 1.3050 |
| 11:00-12:00 | 1.2647 | 1.0603 | 1.3342 | 1.3409 |
| 12:00-13:00 | 1.2521 | 1.0693 | 1.3144 | 1.3208 |
| 13:00-14:00 | 1.2629 | 1.0888 | 1.3391 | 1.3345 |
| 14:00-15:00 | 1.2687 | 1.0922 | 1.3624 | 1.3596 |
| 15:00-16:00 | 1.2510 | 1.0859 | 1.3507 | 1.3510 |
| 16:00-17:00 | 1.2281 | 1.0754 | 1.3335 | 1.3374 |
| 17:00-18:00 | 1.1883 | 1.0589 | 1.2859 | 1.2878 |
| 18:00-19:00 | 1.1659 | 1.0594 | 1.2252 | 1.2322 |
| 19:00-20:00 | 1.1542 | 1.0609 | 1.1941 | 1.2006 |
| 20:00-21:00 | 1.1769 | 1.1029 | 1.2194 | 1.2195 |
| 21:00-22:00 | 1.1901 | 1.1205 | 1.2297 | 1.2356 |
| 22:00-23:00 | 1.1772 | 1.1170 | 1.2327 | 1.2371 |
| 23:00-24:00 | 1.1412 | 1.0925 | 1.2003 | 1.2060 |

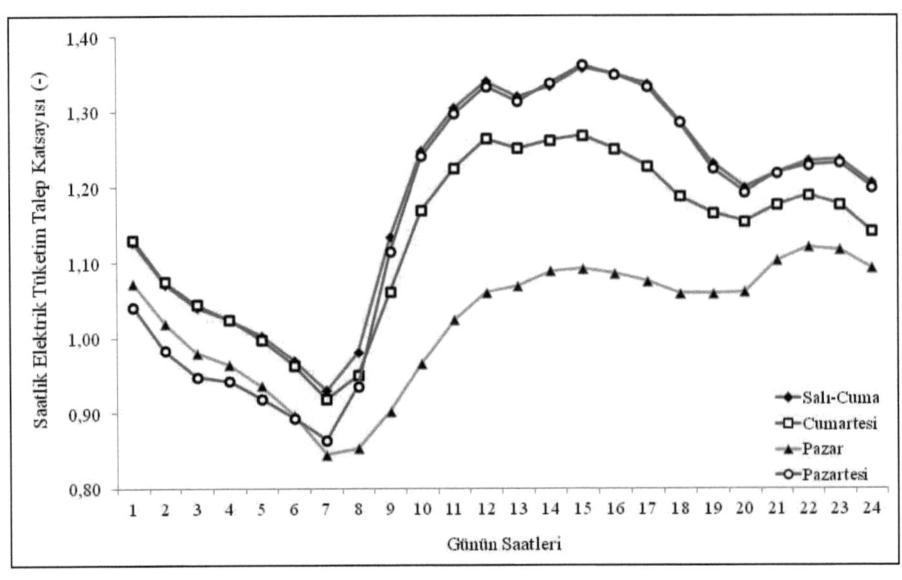


Şekil 1.20 Ağustos ayı için haftanın günlerine bağlı SETTK değerinin değişimi

Tablo 1.16 Eylül ayı için haftanın günlerine bağlı SETTK değerleri

| Saat | Cumartesi | Pazar | Pazartesi | Salı ile Cuma |
|---|---|---|---|---|
| 00:00-01:00 | 0.9956 | 0.9255 | 0.9059 | 0.9859 |
| 01:00-02:00 | 0.9498 | 0.8762 | 0.8614 | 0.9376 |
| 02:00-03:00 | 0.9186 | 0.8402 | 0.8305 | 0.9084 |
| 03:00-04:00 | 0.8974 | 0.8188 | 0.8169 | 0.8933 |
| 04:00-05:00 | 0.8847 | 0.8047 | 0.8078 | 0.8817 |
| 05:00-05:00 | 0.8742 | 0.7899 | 0.8009 | 0.8701 |
| 06:00-07:00 | 0.8458 | 0.7540 | 0.7887 | 0.8520 |
| 07:00-08:00 | 0.8668 | 0.7516 | 0.8402 | 0.8880 |
| 08:00-09:00 | 0.9796 | 0.8004 | 0.9912 | 1.0184 |
| 09:00-10:00 | 1.0696 | 0.8681 | 1.1014 | 1.1087 |
| 10:00-11:00 | 1.1197 | 0.9205 | 1.1508 | 1.1513 |
| 11:00-12:00 | 1.1491 | 0.9544 | 1.1885 | 1.1776 |
| 12:00-13:00 | 1.1227 | 0.9575 | 1.1531 | 1.1375 |
| 13:00-14:00 | 1.1309 | 0.9719 | 1.1745 | 1.1491 |
| 14:00-15:00 | 1.1344 | 0.9702 | 1.1936 | 1.1705 |
| 15:00-16:00 | 1.1135 | 0.9599 | 1.1821 | 1.1581 |
| 16:00-17:00 | 1.0914 | 0.9528 | 1.1626 | 1.1415 |
| 17:00-18:00 | 1.0505 | 0.9389 | 1.1225 | 1.1057 |
| 18:00-19:00 | 1.0490 | 0.9546 | 1.0976 | 1.0862 |
| 19:00-20:00 | 1.0855 | 1.0151 | 1.1258 | 1.1121 |
| 20:00-21:00 | 1.0850 | 1.0247 | 1.1217 | 1.1096 |
| 21:00-22:00 | 1.0603 | 1.0020 | 1.0950 | 1.0859 |
| 22:00-23:00 | 1.0642 | 1.0041 | 1.0971 | 1.0865 |
| 23:00-24:00 | 1.0250 | 0.9715 | 1.0564 | 1.0495 |

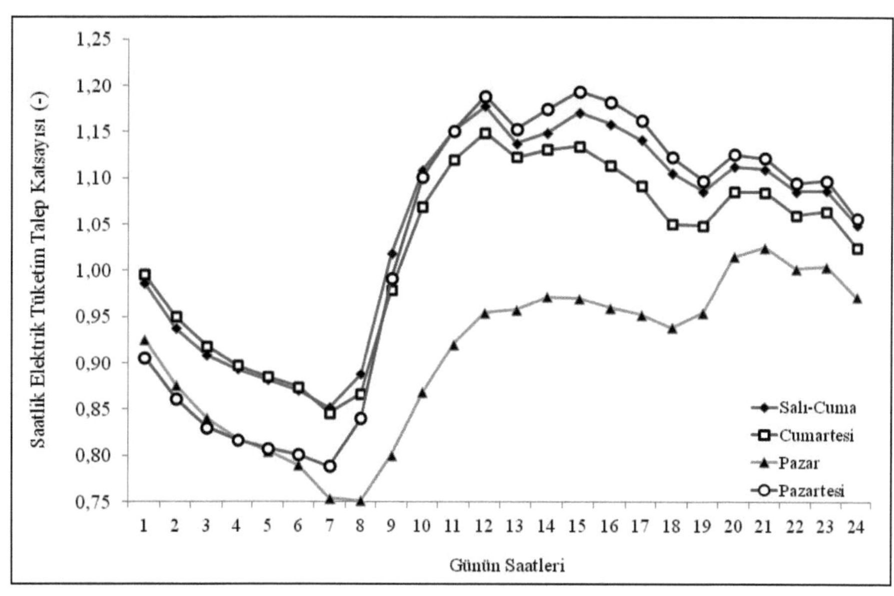


Şekil 1.21 Ekim ayı için haftanın günlerine bağlı SETTK değerinin değişimi

Tablo 1.17 Ekim ayı için haftanın günlerine bağlı SETTK değerleri

| Saat | Cumartesi | Pazar | Pazartesi | Salı ile Cuma |
|---|---|---|---|---|
| 00:00-01:00 | 0.9185 | 0.8886 | 0.8396 | 0.9136 |
| 01:00-02:00 | 0.8661 | 0.8349 | 0.7900 | 0.8656 |
| 02:00-03:00 | 0.8326 | 0.7948 | 0.7638 | 0.8371 |
| 03:00-04:00 | 0.8091 | 0.7708 | 0.7484 | 0.8187 |
| 04:00-05:00 | 0.8008 | 0.7581 | 0.7449 | 0.8129 |
| 05:00-05:00 | 0.8056 | 0.7598 | 0.7529 | 0.8233 |
| 06:00-07:00 | 0.8110 | 0.7460 | 0.7828 | 0.8450 |
| 07:00-08:00 | 0.8249 | 0.7354 | 0.8337 | 0.8822 |
| 08:00-09:00 | 0.9372 | 0.7813 | 0.9685 | 0.9936 |
| 09:00-10:00 | 1.0265 | 0.8455 | 1.0538 | 1.0743 |
| 10:00-11:00 | 1.0718 | 0.8930 | 1.0894 | 1.1036 |
| 11:00-12:00 | 1.0938 | 0.9141 | 1.1089 | 1.1198 |
| 12:00-13:00 | 1.0601 | 0.9017 | 1.0522 | 1.0673 |
| 13:00-14:00 | 1.0535 | 0.9037 | 1.0633 | 1.0753 |
| 14:00-15:00 | 1.0499 | 0.8971 | 1.0802 | 1.0956 |
| 15:00-16:00 | 1.0232 | 0.8877 | 1.0681 | 1.0855 |
| 16:00-17:00 | 1.0008 | 0.8835 | 1.0598 | 1.0777 |
| 17:00-18:00 | 0.9891 | 0.9073 | 1.0454 | 1.0683 |
| 18:00-19:00 | 1.0355 | 0.9683 | 1.0883 | 1.1050 |
| 19:00-20:00 | 1.0547 | 1.0004 | 1.0967 | 1.1060 |
| 20:00-21:00 | 1.0271 | 0.9836 | 1.0677 | 1.0774 |
| 21:00-22:00 | 1.0020 | 0.9626 | 1.0345 | 1.0439 |
| 22:00-23:00 | 1.0024 | 0.9617 | 1.0378 | 1.0432 |
| 23:00-24:00 | 0.9603 | 0.9204 | 0.9922 | 0.9975 |

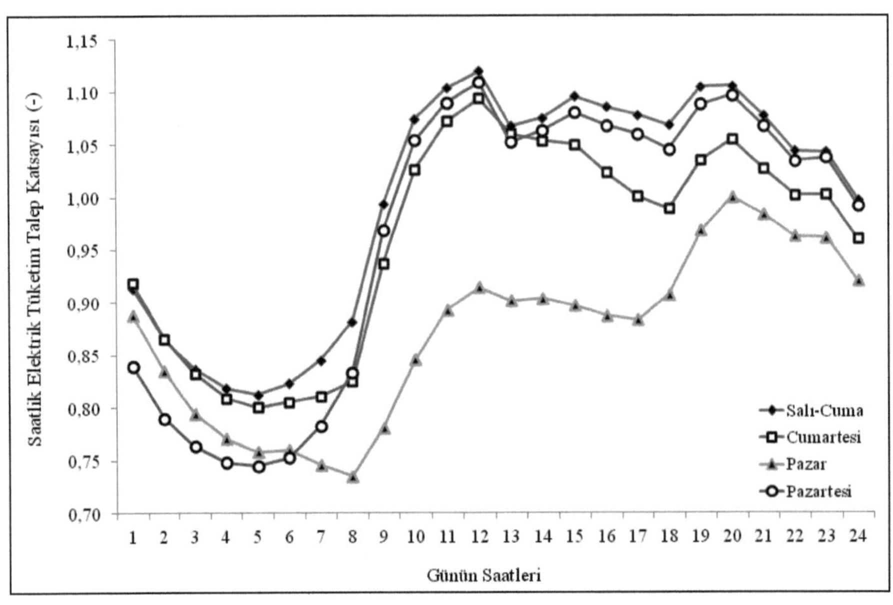


Şekil 1.22 Ekim ayı için haftanın günlerine bağlı SETTK değerinin değişimi

Tablo 1.18 Kasım ayı için haftanın günlerine bağlı SETTK değerleri

| Saat | Cumartesi | Pazar | Pazartesi | Salı ile Cuma |
|---|---|---|---|---|
| 00:00-01:00 | 0.9059 | 0.8922 | 0.8487 | 0.9432 |
| 01:00-02:00 | 0.8553 | 0.8381 | 0.8016 | 0.8947 |
| 02:00-03:00 | 0.8234 | 0.8010 | 0.7728 | 0.8635 |
| 03:00-04:00 | 0.8030 | 0.7796 | 0.7607 | 0.8494 |
| 04:00-05:00 | 0.7980 | 0.7730 | 0.7596 | 0.8494 |
| 05:00-05:00 | 0.8107 | 0.7789 | 0.7744 | 0.8659 |
| 06:00-07:00 | 0.8016 | 0.7609 | 0.7896 | 0.8796 |
| 07:00-08:00 | 0.8268 | 0.7647 | 0.8417 | 0.9260 |
| 08:00-09:00 | 0.9289 | 0.8128 | 0.9627 | 1.0451 |
| 09:00-10:00 | 1.0140 | 0.8739 | 1.0415 | 1.1135 |
| 10:00-11:00 | 1.0423 | 0.9154 | 1.0650 | 1.1347 |
| 11:00-12:00 | 1.0517 | 0.9284 | 1.0726 | 1.1352 |
| 12:00-13:00 | 1.0104 | 0.9121 | 1.0198 | 1.0660 |
| 13:00-14:00 | 1.0187 | 0.9149 | 1.0334 | 1.0939 |
| 14:00-15:00 | 1.0086 | 0.9099 | 1.0373 | 1.1065 |
| 15:00-16:00 | 0.9968 | 0.9090 | 1.0356 | 1.1057 |
| 16:00-17:00 | 1.0412 | 0.9571 | 1.0924 | 1.1592 |
| 17:00-18:00 | 1.0882 | 1.0279 | 1.1439 | 1.2081 |
| 18:00-19:00 | 1.0675 | 1.0227 | 1.1157 | 1.1729 |
| 19:00-20:00 | 1.0410 | 1.0055 | 1.0840 | 1.1365 |
| 20:00-21:00 | 1.0209 | 0.9890 | 1.0574 | 1.1057 |
| 21:00-22:00 | 1.0038 | 0.9725 | 1.0314 | 1.0780 |
| 22:00-23:00 | 1.0049 | 0.9784 | 1.0315 | 1.0795 |
| 23:00-24:00 | 0.9677 | 0.9289 | 0.9828 | 1.0356 |

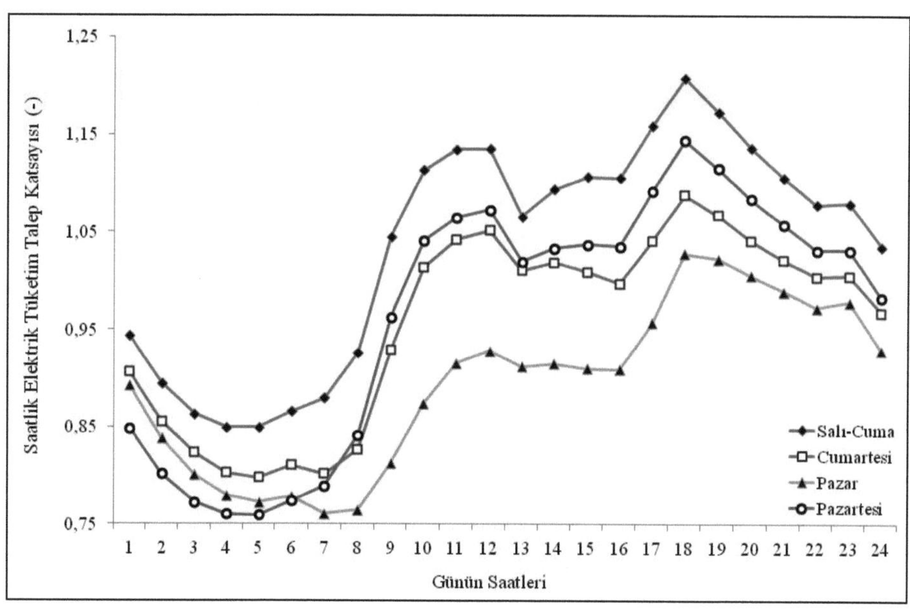


Şekil 1.23 Kasım ayı için haftanın günlerine bağlı SETTK değerinin değişimi

Tablo 1.19 Aralık ayı için haftanın günlerine bağlı SETTK değerleri

| Saat | Cumartesi | Pazar | Pazartesi | Salı ile Cuma |
|---|---|---|---|---|
| 00:00-01:00 | 1.0115 | 0.9613 | 0.9244 | 1.0011 |
| 01:00-02:00 | 0.9535 | 0.8988 | 0.8653 | 0.9430 |
| 02:00-03:00 | 0.9160 | 0.8531 | 0.8296 | 0.9094 |
| 03:00-04:00 | 0.8875 | 0.8313 | 0.8190 | 0.8894 |
| 04:00-05:00 | 0.8808 | 0.8166 | 0.8156 | 0.8852 |
| 05:00-05:00 | 0.8829 | 0.8214 | 0.8335 | 0.8984 |
| 06:00-07:00 | 0.8953 | 0.8149 | 0.8734 | 0.9304 |
| 07:00-08:00 | 0.9100 | 0.7996 | 0.9322 | 0.9721 |
| 08:00-09:00 | 1.0208 | 0.8329 | 1.0789 | 1.0969 |
| 09:00-10:00 | 1.1093 | 0.9061 | 1.1757 | 1.1822 |
| 10:00-11:00 | 1.1538 | 0.9641 | 1.2168 | 1.2092 |
| 11:00-12:00 | 1.1763 | 0.9987 | 1.2312 | 1.2174 |
| 12:00-13:00 | 1.1423 | 0.9987 | 1.1738 | 1.1532 |
| 13:00-14:00 | 1.1424 | 1.0078 | 1.1935 | 1.1802 |
| 14:00-15:00 | 1.1312 | 1.0047 | 1.2034 | 1.1894 |
| 15:00-16:00 | 1.1187 | 1.0074 | 1.2084 | 1.1919 |
| 16:00-17:00 | 1.1643 | 1.0661 | 1.2649 | 1.2516 |
| 17:00-18:00 | 1.1898 | 1.1075 | 1.2889 | 1.2785 |
| 18:00-19:00 | 1.1562 | 1.0995 | 1.2369 | 1.2304 |
| 19:00-20:00 | 1.1294 | 1.0887 | 1.1970 | 1.1913 |
| 20:00-21:00 | 1.0965 | 1.0718 | 1.1719 | 1.1641 |
| 21:00-22:00 | 1.0796 | 1.0519 | 1.1481 | 1.1378 |
| 22:00-23:00 | 1.0820 | 1.0599 | 1.1422 | 1.1367 |
| 23:00-24:00 | 1.0434 | 1.0118 | 1.0973 | 1.0941 |

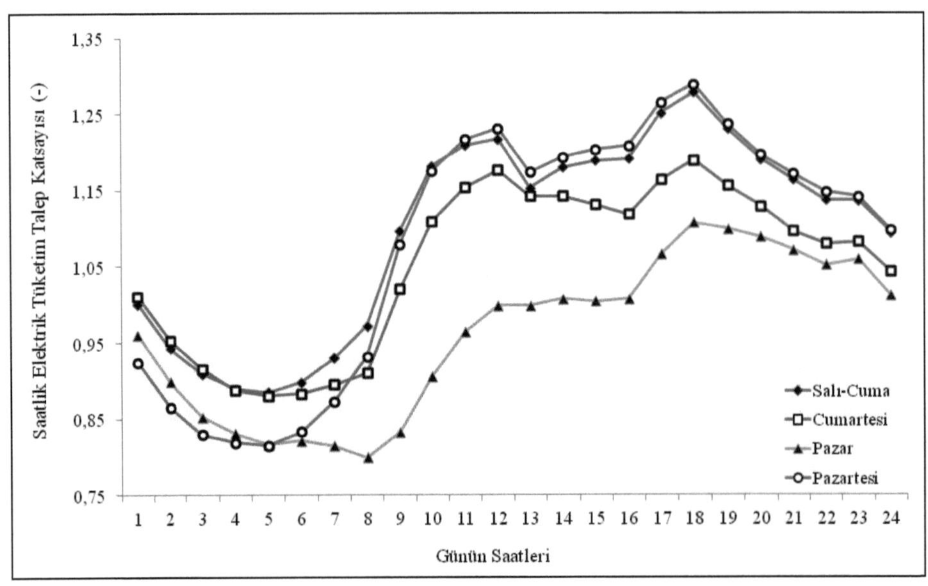


Şekil 1.24 Aralık ayı için haftanın günlerine bağlı SETTK değerinin değişimi

Tablo 1.20 Yıllık bazda haftanın günlerine bağlı SETTK değerleri

| Saat | Cumartesi | Pazar | Pazartesi | Salı ile Cuma |
|---|---|---|---|---|
| 00:00-01:00 | 0.9628 | 0.9252 | 0.8935 | 0.9592 |
| 01:00-02:00 | 0.9078 | 0.8696 | 0.8377 | 0.9050 |
| 02:00-03:00 | 0.8701 | 0,8291 | 0.8044 | 0.8711 |
| 03:00-04:00 | 0.8475 | 0,8067 | 0.7887 | 0.8518 |
| 04:00-05:00 | 0.8372 | 0,7927 | 0.7823 | 0.8443 |
| 05:00-05:00 | 0.8315 | 0,7795 | 0.7826 | 0.8418 |
| 06:00-07:00 | 0.8225 | 0,7609 | 0.7936 | 0.8446 |
| 07:00-08:00 | 0.8537 | 0,7682 | 0.8569 | 0.8932 |
| 08:00-09:00 | 0.9706 | 0,8239 | 1.0085 | 1.0245 |
| 09:00-10:00 | 1.0627 | 0,8920 | 1.1075 | 1.1127 |
| 10:00-11:00 | 1.1063 | 0,9422 | 1.1477 | 1.1479 |
| 11:00-12:00 | 1.1277 | 0,9679 | 1.1695 | 1.1652 |
| 12:00-13:00 | 1.0953 | 0,9600 | 1.1259 | 1.1181 |
| 13:00-14:00 | 1.0959 | 0,9652 | 1.1403 | 1.1295 |
| 14:00-15:00 | 1.0891 | 0,9596 | 1.1517 | 1.1445 |
| 15:00-16:00 | 1.0681 | 0,9502 | 1.1413 | 1.1337 |
| 16:00-17:00 | 1.0617 | 0,9555 | 1.1437 | 1.1366 |
| 17:00-18:00 | 1.0529 | 0,9662 | 1.1326 | 1.1278 |
| 18:00-19:00 | 1.0511 | 0,9788 | 1.1067 | 1.1071 |
| 19:00-20:00 | 1.0510 | 0,9934 | 1.0951 | 1.0953 |
| 20:00-21:00 | 1.0550 | 1,0101 | 1.0977 | 1.0972 |
| 21:00-22:00 | 1.0445 | 1,0054 | 1.0861 | 1.0847 |
| 22:00-23:00 | 1.0465 | 1,0091 | 1.0871 | 1.0871 |
| 23:00-24:00 | 1.0066 | 0,9693 | 1.0433 | 1.0461 |

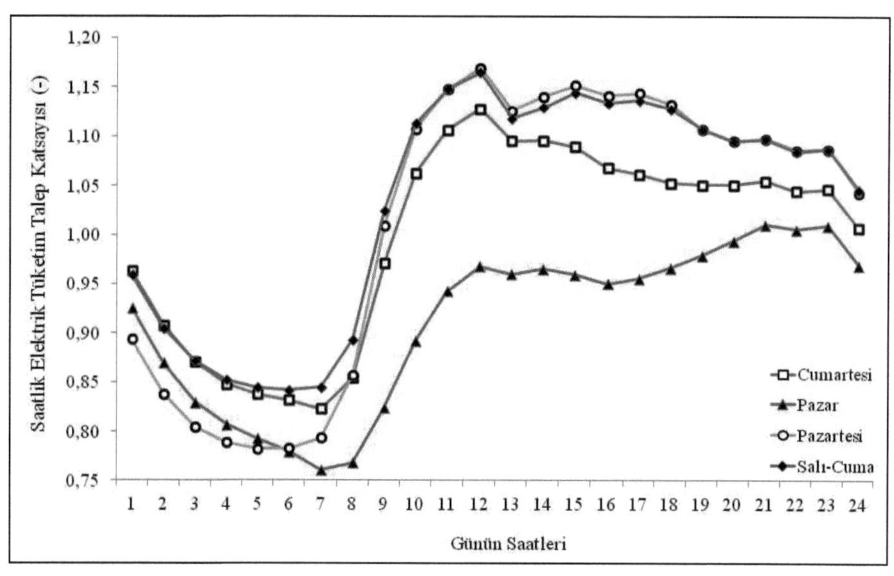


Şekil 1.25 Yıllık bazda haftanın günlerine bağlı SETTK değerinin değişimi

Tablo 1.21 Bayramlar günleri için SETTK değerleri

| Saat Aralığı | Kurban | Ramazan | Yılbaşı | 19.May | 30.Ağu | 23.Nis |
|---|---|---|---|---|---|---|
| 00:00-01:00 | 0.6957 | 0.7681 | 0.7850 | 0.8671 | 1.0117 | 0.8773 |
| 01:00-02:00 | 0.6471 | 0.7209 | 0.7494 | 0.8097 | 0.9673 | 0.8214 |
| 02:00-03:00 | 0.6155 | 0.6749 | 0.7060 | 0.7767 | 0.9363 | 0.7887 |
| 03:00-04:00 | 0.5987 | 0.6495 | 0.6714 | 0.7637 | 0.9336 | 0.7739 |
| 04:00-05:00 | 0.5931 | 0.6405 | 0.6492 | 0.7562 | 0.9142 | 0.7639 |
| 05:00-05:00 | 0.6053 | 0.6336 | 0.6392 | 0.7353 | 0.8780 | 0.7624 |
| 06:00-07:00 | 0.6048 | 0.6233 | 0.6398 | 0.7195 | 0.8269 | 0.7310 |
| 07:00-08:00 | 0.6112 | 0.6321 | 0.6291 | 0.7713 | 0.8556 | 0.7777 |
| 08:00-09:00 | 0.6468 | 0.6789 | 0.6681 | 0.8754 | 0.9774 | 0.8811 |
| 09:00-10:00 | 0.6878 | 0.7297 | 0.7298 | 0.9667 | 1.0667 | 0.9422 |
| 10:00-11:00 | 0.7127 | 0.7702 | 0.7879 | 1.0023 | 1.1284 | 0.9618 |
| 11:00-12:00 | 0.7195 | 0.7871 | 0.8224 | 1.0211 | 1.1622 | 0.9828 |
| 12:00-13:00 | 0.7038 | 0.7961 | 0.7978 | 0.9829 | 1.1616 | 0.9476 |
| 13:00-14:00 | 0.6974 | 0.7913 | 0.8093 | 1.0004 | 1.1874 | 0.9187 |
| 14:00-15:00 | 0.6827 | 0.7830 | 0.8029 | 1.0006 | 1.1963 | 0.9456 |
| 15:00-16:00 | 0.6856 | 0.7777 | 0.8012 | 0.9884 | 1.1960 | 0.9361 |
| 16:00-17:00 | 0.7438 | 0.7683 | 0.8576 | 0.9654 | 1.1923 | 0.9138 |
| 17:00-18:00 | 0.8055 | 0.7611 | 0.9239 | 0.9430 | 1.1736 | 0.8881 |
| 18:00-19:00 | 0.8025 | 0.7747 | 0.9094 | 0.9275 | 1.1384 | 0.8771 |
| 19:00-20:00 | 0.7951 | 0.8450 | 0.8925 | 0.9449 | 1.1100 | 0.9225 |
| 20:00-21:00 | 0.7870 | 0.8688 | 0.8789 | 1.0003 | 1.1399 | 0.9709 |
| 21:00-22:00 | 0.7787 | 0.8427 | 0.8664 | 0.9949 | 1.1490 | 0.9552 |
| 22:00-23:00 | 0.7772 | 0.8340 | 0.8693 | 0.9876 | 1.1519 | 0.9497 |
| 23:00-24:00 | 0.7511 | 0.7935 | 0.8332 | 0.9545 | 1.1374 | 0.9164 |

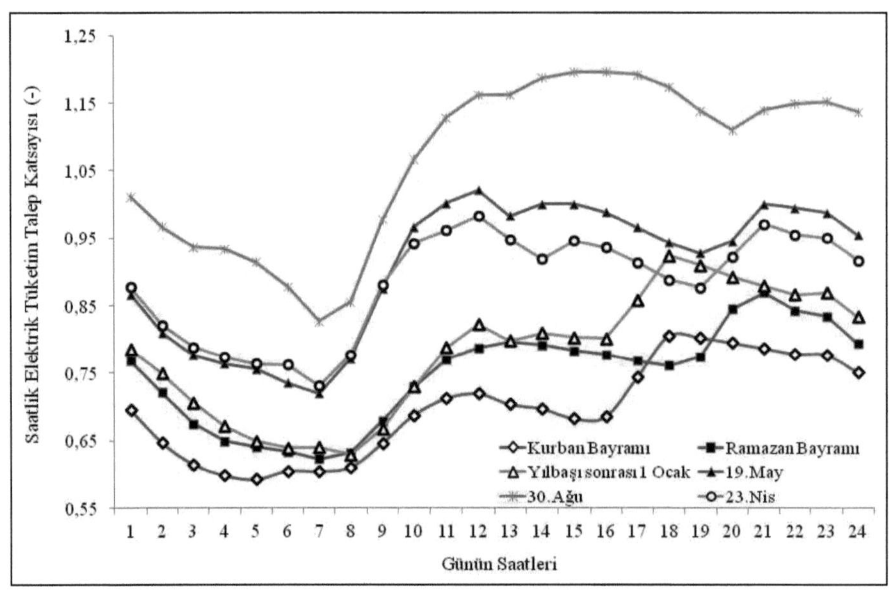


Şekil 1.26 Bayramlar günleri için SETTK değerinin değişimi

### 1.2.3.Meskenlerde Kişi Başına Elektrik Tüketimi Değerlendirmesi

Konutlarda bireysel elektrik tüketimi bağlamında hesaplamalar yapıldığında ortalama kişi başı meskenlerde günlük 1.644 kWh/gün-kişi elektrik tüketimi bulunduğu öngörülmektedir. Bu değer referans alındığında 'konutlarda kişi başı ortalama günlük elektrik tüketim katsayısı' her il için aşağıdaki Tablo 1.22'de verilmektedir. Türkiye ortalamasında konutlarda yaşayan ortalama birey sayısı 15 yıl içerisinde 4.66 seviyesinden 3.33 seviyesine gerilediği hesaplanmıştır. Son dönemlerde artan konut sayısı bunun en önemli sebeplerinden biri olarak düşünülmektedir. Konutlardaki birey sayısı yıldan yıla azalış eğilimindedir. Elektrik kullanan yaşam alan sayısında 15 yıl içerisinde %45.8 oranında bir artış olduğu düşünülmektedir. Bu değer yıllık bazda ortalama % 2.45 değerinde bir artış olabileceğini göstermektedir. Nüfus oranındaki artış bunun çok gerisinde bir seviyededir. Rize ve Manisa ilinin kişi başı ortalama elektrik tüketim ve konutlarda yaşayan birey sayısı değerleri göz önüne alındığında ortalama seviyelere yakın olması nedeniyle incelemelerde referans olarak değerlendirilebilmesi mümkündür.

Tablo 1.22. Meskenler için kişi başı elektrik tüketim katsayısı değerleri

| İLLER | Konutlarda kişi başı ortalama günlük elektrik tüketim katsayısı (-) | Konutlarda yaşayan ortalama birey sayısı (adet) |
|---|---|---|
| Ardahan | 2.151 | 10.12 |
| Düzce | 1.708 | 6.22 |
| Kars | 1.427 | 7.87 |
| Ağrı | 1.362 | 11.66 |
| Bartın | 1.348 | 4.84 |
| Erzurum | 1.216 | 5.16 |
| Artvin | 1.211 | 3.97 |
| Muğla | 1.211 | 2.61 |
| Bolu | 1.199 | 4.36 |
| Bayburt | 1.190 | 5.43 |
| Van | 1.189 | 8.53 |
| Adıyaman | 1.166 | 6.47 |
| Sinop | 1.156 | 3.61 |
| Sakarya | 1.152 | 3.89 |
| Adana | 1.135 | 3.25 |
| Muş | 1.126 | 7.27 |
| Şanlıurfa | 1.112 | 6.59 |
| Edirne | 1.111 | 3.29 |
| İzmir | 1.079 | 2.30 |
| Hatay | 1.076 | 3.80 |
| Kastamonu | 1.059 | 4.05 |
| İstanbul | 1.037 | 2.70 |
| Iğdır | 1.035 | 5.84 |
| Antalya | 1.034 | 2.26 |
| Samsun | 1.030 | 3.46 |
| Kilis | 1.025 | 4.40 |
| Zonguldak | 1.005 | 3.38 |
| Manisa | 1.001 | 3.43 |
| Rize | 0.998 | 3.00 |
| Niğde | 0.988 | 4.72 |
| Kocaeli | 0.979 | 3.12 |
| Kırklareli | 0.978 | 3.01 |
| Çanakkale | 0.974 | 3.09 |
| Bursa | 0.972 | 3.15 |
| Giresun | 0.971 | 3.23 |
| Bingöl | 0.970 | 5.96 |
| Aydın | 0.966 | 2.60 |

Tablo 1.22. (Devamı)

| İLLER | Konutlarda kişi başı ortalama günlük elektrik tüketim katsayısı (-) | Konutlarda yaşayan ortalama birey sayısı (adet) |
|---|---|---|
| Tunceli | 0.965 | 5.10 |
| Mersin | 0.960 | 2.85 |
| Sivas | 0.949 | 4.28 |
| Trabzon | 0.948 | 2.67 |
| Siirt | 0.942 | 5.89 |
| Batman | 0.934 | 6.45 |
| Tekirdağ | 0.931 | 2.88 |
| Osmaniye | 0.929 | 3.84 |
| Ankara | 0.906 | 2.63 |
| Bitlis | 0.898 | 5.93 |
| Konya | 0.889 | 3.71 |
| Karabük | 0.887 | 3.30 |
| Gaziantep | 0.884 | 3.68 |
| Gümüşhane | 0.867 | 3.84 |
| Amasya | 0.862 | 3.17 |
| Kahramanmaraş | 0.854 | 4.10 |
| Nevşehir | 0.848 | 3.28 |
| Çorum | 0.841 | 3.62 |
| Kırşehir | 0.839 | 3.45 |
| Denizli | 0.837 | 2.85 |
| Bilecik | 0.830 | 3.43 |
| Ordu | 0.830 | 3.01 |
| Hakkari | 0.825 | 8.41 |
| Aksaray | 0.822 | 3.87 |
| Balıkesir | 0.820 | 2.55 |
| Uşak | 0.818 | 3.32 |
| Tokat | 0.815 | 3.77 |

## 1.3.Sanayide Elektrik Tüketim Değerlendirmesi

Türkiye ortalamasında bir sanayi kuruluşunun aylık elektrik tüketiminin 970 kWh/ay olması öngörülmektedir. Sanayi kuruluşu başına elektrik tüketim katsayısı (SKBETK) bu ortalama değer göz önüne alınarak Tablo 1.23'de sunulmaktadır. Sanayi kuruluşları için farklı kollar bulunmaktadır. Bunlar örnek olarak; Ağaç işleri ve kâğıt sanayi, plastik, kauçuk ve lastik sanayi, kimya sanayi, toprak ve çimento sanayi, demir-çelik sanayisi vs. Her bir sanayi kolu için ayrıntılı hesaplamalar ve öngörüler daha sonraki bir kaynakta tüm ayrıntılarıyla ortaya konacaktır. Ortaya konacak veriler doğrultusunda sanayide enerji verimliliği noktasında detaylı analizler yapılabilecektir.

Tablo 1.23 Seksen bir il için sanayi kuruluşu başına elektrik tüketim katsayısı

| İller | SKBETK | İller | SKBETK | İller | SKBETK |
|---|---|---|---|---|---|
| Osmaniye | 33.97 | Isparta | 3.37 | Bolu | 0.92 |
| Sivas | 15.95 | Kilis | 3.25 | Ardahan | 0.84 |
| Hatay | 14.92 | Denizli | 3.25 | Erzurum | 0.65 |
| Zonguldak | 12.57 | Uşak | 3.19 | Bursa | 0.53 |
| İzmir | 10.98 | Rize | 3.16 | Bitlis | 0.46 |
| Artvin | 9.53 | Aydın | 3.13 | İstanbul | 0.45 |
| Kırklareli | 8.84 | Ordu | 3.04 | Bayburt | 0.44 |
| Mardin | 7.71 | Edirne | 3.03 | Balıkesir | 0.40 |
| Tekirdağ | 7.29 | Ankara | 2.75 | Batman | 0.39 |
| Adıyaman | 7.06 | Mersin | 2.57 | Adana | 0.31 |
| Kütahya | 6.12 | Kars | 2.33 | Niğde | 0.28 |
| Kırıkkale | 5.59 | Trabzon | 2.27 | Karaman | 0.23 |
| Bilecik | 5.55 | Kayseri | 2.16 | Afyonkarahisar | 0.23 |
| Eskişehir | 5.50 | Siirt | 2.15 | Elazığ | 0.22 |
| Karabük | 5.08 | Samsun | 2.09 | Konya | 0.21 |
| Yozgat | 4.98 | Muş | 1.93 | Diyarbakır | 0.19 |
| Manisa | 4.70 | Gümüşhane | 1.90 | Şırnak | 0.18 |
| Çankırı | 4.44 | Erzincan | 1.73 | Nevşehir | 0.12 |
| Bartın | 4.31 | Antalya | 1.63 | Malatya | 0.12 |
| Tokat | 4.19 | Çorum | 1.52 | Ağrı | 0.11 |
| Van | 4.01 | Sakarya | 1.46 | Kırşehir | 0.11 |
| Kocaeli | 4.00 | Çanakkale | 1.36 | Hakkari | 0.08 |
| Şanlıurfa | 3.99 | Sinop | 1.16 | Bingöl | 0.07 |
| Burdur | 3.85 | Amasya | 1.15 | Aksaray | 0.06 |
| Kastamonu | 3.67 | Düzce | 1.08 | Tunceli | 0.05 |
| Gaziantep | 3.45 | Kahramanmaraş | 0.99 | Giresun | 0.05 |
| | | Yalova | 0.92 | Iğdır | 0.03 |

## 2. JEOTERMAL ENERJİ

Mevcut uygulamalar göz önüne alındığında jeotermal enerji, diğer fosil yakıtlara ve yenilenebilir enerji kaynaklarına göre hem daha temiz hem de ucuz bir alternatif olarak karşımıza çıkmaktadır. Yenilenebilir enerji kaynakları arasında enerji maliyeti en düşük kaynak, jeotermal enerji olarak gösterilmektedir. Türkiye, jeotermal potansiyel olarak zengin olmasına rağmen (Türkiye dünyadaki jeotermal potansiyeli açısından 7. en zengin ülke), potansiyelinin sadece % 4'lük bir kısmını verimli bir şekilde kullanıma geçirebilmiştir. Türkiye için şu andaki jeotermal enerji kullanımı, tespit edilmiş jeotermal enerji potansiyelinin küçük bir bölümünü oluşturduğu ortadadır. Türkiye'nin gelecekteki enerji ihtiyacı göz önüne alındığında, bu ihtiyacı karşılamada jeotermal enerji büyük bir rol üstleneceği açıktır. Ancak bu enerjinin kullanımının tek başına yeterli olmayacağı da aşikârdır. Ülkemiz, belirlenmiş tüm jeotermal enerji potansiyelini kullandığında toplamda ısı+elektrik ihtiyacının % 12.7'lik kısmını jeotermal enerjiden sağlayabilme potansiyeline sahiptir. Jeotermal enerjiden yararlanma ana hatlarıyla elektrik üretimi ve doğrudan kulanım olmak üzere iki ana başlık altında incelenebilir. Ülkemiz bağlamında, son 40 yılda jeotermal kaynaklardan doğrudan kullanım amaçlı yararlanma hızlı bir biçimde artış göstermiştir. Türkiye, doğrudan kullanımda ilk beş ülkenin içinde yer almaktadır. Son dönemlerde, doğrudan kullanımda bir tek binanın ısıtılması ekseninden merkezi ısıtma, sera ısıtmacılığı, endüstriyel kullanım, modern hamam ve fizik tedavi merkezlerine doğru bir kayma yaşanmıştır [1,2].

Tükiye'deki jeotermal enerji kullanımına kısaca iki ana başlık altında değinilebilir: Elektrik üretimi ve doğrudan kullanım uygulamaları. Türkiye için jeotermal kaynaklardan güç üretimi 2010 yılı başı itibariyle 100 MWe'ğe ulaşmış durumdadır. İşletmede; Dora-I Salavatlı, Dora-II Salavatlı, Ömerbeyli, Bereket, Tuzla-Çanakkale, Kızıldere-Denizli jeotermal güç santralleri olmak üzere altı santral bulunmaktadır. Türkiye'de jeotermal enerjiden elektrik üretim kapasitesi son 4 yıl içinde 4 katına çıkmıştır. Doğrudan kullanım bağlamında bakıldığında, 2007 verilerine göre Türkiye'de 20 jeotermal merkezi ısıtma sistemi bulunmaktadır.

Toplamda 395 MW enerji sağlanarak 6 milyon metre kare alan ısıtılabilme kapasitesi bulunmaktadır. Sözü edilen yirmi jeotermal merkezi ısıtma sistemi şu şekilde sıralanabilir: Gönen-Balıkesir, Edremit-Balıkesir, Bigadiç-Balıkesir, Güre-Balikesir, Simav-Kütahya, Kırşehir, Kızılcahamam-Ankara, Balçova-İzmir, Bergama-İzmir, Dikili-İzmir, Afyon, Kozaklı-Nevşehir, Sandıkli-Afyon, Diyadin-Ağrı, Salihli-Manisa, Sarayköy-Denizli, Kuzuluk-Sakarya, Armutlu-Yalova, Sorgun-Yozgat, Yerköy-Yozgat jeotermal merkezi ısıtma sistemleri. Türkiye için jeotermal enerjiden yararlanılarak sera ısıtma son dönemlerde oldukça popüler olmaya başlamıştır. Bu seralarda çoğunlukla domates ve biber yetiştiriciliği yapılmaktadır. 2010 yılı itibariyle Türkiyedeki jeotermal enerji ile ısıtılan sera alanı 2104 dekar ve toplam sağlanan enerji ise 207.4 MWt'dir. Kurulu jeotermal sahalar: Dikili-İzmir, Salihli-Manisa, Turgutlu-Manisa, Balçova-İzmir, Kızıldere-Denizli, Gümüşköy-Aydın, Diyadin-Ağrı, Karacaali-Urfa, Sındırgı-Balıkesir, Simav-Kütahya jeotermal sera ısıtma alanları [3-5].

## 2.1. Jeotermal Güç Santralleri

Jeotermal enerjiden elektrik üretimi deneysel bir çalışmayla ilk olarak 1904-1905 yılları arasında Prince Gionori Conti tarafından yapılmıştır. 250 kWe gücündeki ilk ticari elektrik santrali ise İtalya'nın Larderello şehrinde 1913 yılında hizmete sokulmuştur. Bu gelişmeler daha sonra diğer ülkeler tarafından da takip edilerek, Yeni Zelanda'nın Wairakei şehrinde 1958'de deneysel amaçlı Meksika'nın Pathe şehrinde 1959'da ve Amerika'daki ilk ticari santral 1960'da 'The Geysers' de devreye alınmıştır.

Bu ülkeleri daha sonra Matsukawa şehri'ne 1966'da kurduğu 23 MWe kapasiteli santralle Japonya takip etmiştir. Yenizelanda'daki hariç tüm bu enerji santralleri, yeraltından gelen su buharını kullanmaktadır. Kullanılan sistemler kuru buhar güç santralleri (Dry steam power plant) olarak adlandırılmaktadır. İlk olarak, USSR, ilk gerçek ikili sistem elektrik santralinden (first true binary power plant) 81 °C'lik suyu kullanarak 680 kWe'lik bir enerji üretimi sağlamıştır. İzlanda, Kuzey İzlanda bölgesinde bulunan Namafjall Şehrinde yoğuşmasız türbin kullanarak 3 MWe'lik bir güç üretilmiştir. Bunları 1970 ve 1980'lerde, El Salvador, Çin, Endonezya, Kenya, Türkiye, Filipinler, Portekiz (Azores), Yunanistan ve Nikaragua jeotermal santraller kurarak takip etmiştir. Daha sonraki santraller ise Tayland, Arjantin, Tayvan, Avustralya, Kosta Rıka, Avustralya, Guatemala, Ethopya'da kurulmuştur [6].

Tablo 0.1. Türkiye'deki jeotermal güç santralleri ve özellikleri [3]

| Jeotermal Güç Santrali | Üretime Geçiş Tarihi | Kurulu Güç (MWe) | Kaynak Sıcaklığı (°C) |
|---|---|---|---|
| Dora-I Salavatlı | 2006 | 7.35 | 172 |
| Dora-II Salavatlı | 2010 | 11.1 | 174 |
| Ömerbeyli | 2009 | 47.4 | 232 |
| Bereket | 2007 | 7.5 | 145 |
| Tuzla-Çanakkale | 2010 | 7.5 | 171 |
| Kızıldere-Denizli | 1984 | 17.8 | 243 |

## 2.2. Örnek Jeotermal Güç Üretim Sistemi

Analizi yapıla Jeotermal sahada Temmuz 2010 itibariyle 7 kuyu bulunmaktadır. Bu kuyulardan iki tanesi üretim kuyusu (T-9 ve T-16), iki tanesi reenjeksiyon kuyusu (T-15 ve T-10), ikisi gözlem kuyusu ve biri ise işletmede olmayan bir kuyudur. Güç santralinin genel görünümü Şekil 2.1'de, şematik gösterimi ise Şekil 2.2'de verilmiştir. Üretim kuyularında boru sistemi 560 metre derinliğe kadar aşağı inmektedir, ancak açılan kuyular 800 metre derinliğe kadar ulaşmaktadır (Şekil 2.3). Gözlem kuyuları, üretim ve reenjeksiyon kuyularının arasında olacak şekilde yerleştirilmiştir. Yeraltına gönderilen akışkanın haznenin sıcaklığını ne şekilde etkilediği, bu gözlem kuyularından alınan veriler doğrultusunda değerlendirilebilmektedir. Reenjeksiyon sonrasında su sıcaklığının düşmediği incelemeler sonrasında belirlenmiştir.

Şekil 2.1 İncelenen jeotermal güç santralinin genel bir görünümü

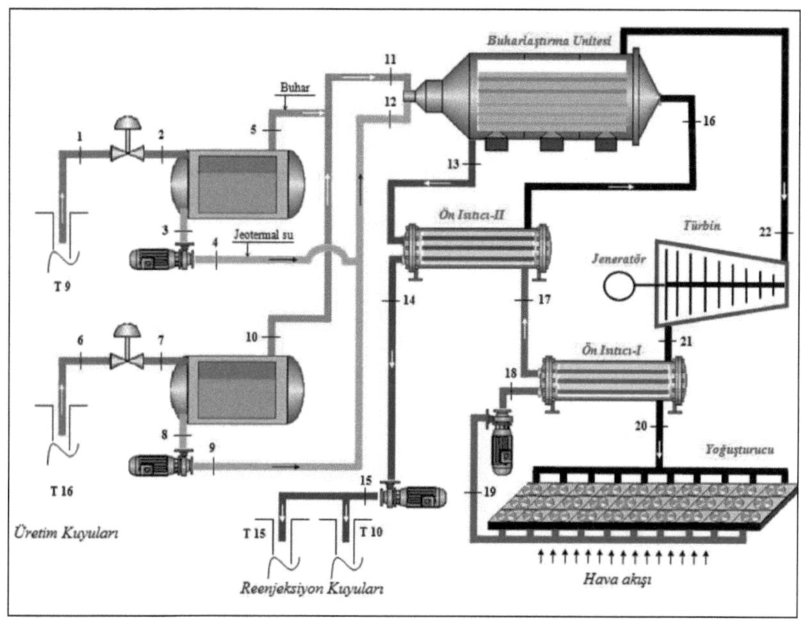


Şekil 2.2 İncelenen jeotermal güç santralinin şematik gösterimi

Jeotermal akışkan sıcaklığında düşme olmaması reenjeksiyonun doğru bir noktadan yapıldığını göstermektedir. Jeotermal kaynak sıcaklığı 175°C civarındadır ancak inceleme sırasında kuyu başı sıcaklılıklarının 159 ve 165°C olduğu tespit edilmiştir. Kuyu başında kabuklaşmayı önlemek açısından inhibitör sistemi kullanılmaktadır (Şekil 2.4). Kuyu başında kurulu ayırıcılar (seperatörler) vasıtası ile jeotermal akışkanın basıncı düşürülerek buhar ve sıvı akışkan olarak iki farklı hattan güç santraline ulaştırılmaktadır (Şekil 2.5). Buhar kendi basıncıyla yaklaşık 25-30 m/s bir hızla borulardan güç santraline ulaşmaktadır. Ayırıcılarda ayrılan sıvı haldeki su pompalar yardımıyla 1-2 m/s hızla sisteme gönderilmektedir. Kuyu başlarında yedekli olmak üzere 70 kW gücünde frekans konvertörlü kuyu başı pompaları bulunmaktadır (Şekil 2.6).

Jeotermal su/buhar güç santralinde türbinlere gönderilmemektedir. İkili sistem olarak ısısı diğer bir kapalı çevrimde Izopentan'a aktarılarak güç üretimi sağlanmaktadır. Izopentan normal şartlar altında 27.8°C'de buharlaşmaktadır. Jeotermal akışkan buhar ve su olarak iki ayrı hat ile buharlaştırma ünitesine girmektedir. Buharlaştırma ünitesinde ısısını Izopentana aktardıktan sonra bir tek hatla buharlaştırma ünitesinden ayrılmaktadır. Daha sonra ön ısıtıcı-II'ye girerek enerjisinin bir bölümünü de bu kısımda aktarmak ve güç santralindeki işletme şartlarına bağlı olarak 90 ile 105°C arasında reenjeksiyon kuyularına gönderilmektedir. Kapalı çevrimde elektrik üretimi için bir tek türbin kullanılmaktadır (Şekil 2.7).

Şekil 2.3 Jeotermal saha ve kuyular

Türbin enerji verimi % 85 ile 92 arasında değişmektedir. Sistemde kullanılan yoğuşturucu veya kondenser sistemi hava soğutmalı bir üniteden oluşmaktadır (Şekil 2.8).

Şekil 2.4 Üretim kuyularındaki inhibitör sisteminden bir görünüm

Şekil 2.5 Separatör ünitesi

Şekil 2.6 Kuyu başındaki pompa ünitesi

Sistemin şebekeye elektrik iletim kapasitesi 7.5 MW olarak öngörülmektedir. Üretilen elektriğin bir bölümü sistemin işletmede kalabilmesi için gerekli olan cihazların elektrik ihtiyacı için kullanılmaktadır. Bu miktar işletme şartları ve dış hava sıcaklıklarına bağlı olarak üretilen elektriğin %12 ile %14'ü arasında değişmektedir. Kış döneminde, kondenser ünitesinde daha fazla soğutma sağlanabilmesi nedeniyle daha yüksek elektrik üretim değerlerine ulaşılabilmektedir. Kış dönemi ortalama dış hava sıcaklığın 2.8 °C ve yaz dönemi ortalama sıcaklığın 29.8 °C olduğu iki örnek durum için üretilen elektrik miktarları 7.911 ve 4.705 MW olarak tespit edilmiştir. Dış ortam sıcaklığının düşmesi elektrik üretimin miktarının artmasına olumlu katkı sağlamaktadır. Ancak sistemde üretilen elektrik miktarı 8.2 MW'ı aşmasına otomatik kontrol ünitesi izin vermemektedir. Ortalama sıcaklığın 25.2 °C olduğu ve incelemenin yapıldığı gün için türbinden üretilen elektrik miktarı 5.935 MW ve şebekeye iletilen elektrik miktarı 5.165 MW olarak gözlemlenmiştir. Kondenser ünitesi 18 kW gücündeki 30 adet fan ünitesinden oluşmaktadır. Sistemin kurulduğu ilk dönemlerde, bölgedeki elektrik dağıtım hatlarının var olan şekliyle yüksek ölçekte bir güç aktarımına uygun olmaması nedeniyle 6.0 MW'dan daha yüksek elektrik aktarımlarında, elektrik hatlarında büyük sorunlar yaşanmıştır. Ancak sonraki dönemlerde, elektrik hattının simülasyonu oluşturulmuş, gerekli trafo sistemleri belirlenmiş ve trafo sistemleri kurulmuştur. Bu trafoların kurulmasıyla yaşanan sorunlar ortadan kaldırılmıştır. Yenilenebilir enerji sistemlerinin sözü edilen elektrik dağıtım hatlarına bağlantısında bu tür sorunlar çoğunlukla ortaya çıkmaktadır. Bu sebeple dağıtım hatlarının detaylı simülasyonları oluşturulması şarttır. Üretilen elektriğin sisteme verilmesinde karşılaşılan bir diğer sorun da elektrik hattının 34 kW üzerinde beslenmesinin elektrik dağıtım şirketi tarafından istenmemesinden doğmaktadır. Elektrik dağıtım şirketinden çoğu kez bu konuda uyarılar gelmektedir. Üretilen elektriğin sisteme verilebilmesi için en az 500W'lık bir farkın olması gerekmektedir. Bu sebepten elektrik 34500 W ile sisteme aktarılmaktadır (Şekil 2.9). Sistemin şebekeye elektrik aktarabilmesi için bir diğer gereklilik ise hiçbir şekilde elektrik hattında kesintinin olmamasıdır. Elektrik kesintisi olduğunda sistem bir anda devreden çıkmaktadır. Bu devreden çıkma sırasında PLC otomatik kontrol ünitelerinde büyük ölçüde zararlar meydana gelmektedir. Ayrıca sistemdeki suyun tahliyesi sırasında büyük zorluklar yaşanmaktadır. Üretilecek elektrik miktarı doğrudan anlaşmalı elektrik santraliyle yapılan günlük elektrik alım ihalesi sonrasında tespit edilmekte ve o şekilde sisteme verilmektedir. Devletin her gün santrallerden aldığı fiyatlar doğrultusunda ne düzeyde bir elektrik satışının olacağı belirlenmektedir. 1 kW elektrik üretim maliyeti sistem için 5 ile 7 kuruş arasında değişmektedir. Saatlik elektrik satım fiyatları da farklılık göstermektedir. Elektrik satış fiyatları kW başına 3 ile 25 kuruş arasında değişiklik göstermektedir. Sabit bir fiyat anlaşmasının olmaması sistemin işletilmesinde çeşitli güçlükler oluşturmaktadır. Sistemde karşılaşılan en önemli sorun ise buharlaştırıcı ünite ile ön ısıtıcı-II arasındaki borularda Silikat oluşumudur.

Şekil 2.7 Birleşik türbin ve jeneratör sistemi

Şekil 2.8 Yoğuşturucu (kondenser) ünitesi

Silikat oluşumu kuyu başında ve ön ısıtıcı-II sonrasında görülmemektedir. Buharın ve suyun birbirinden ayrılması sonrasında buhar ile sudan ayrılan $CO_2$, suyun PH değerini değiştirmekte ve silikat problemine neden olmaktadır. Suyun PH değeri 7'den düşük olduğunda silikat problemi yaşanmamaktadır. Silikattan dolayı oluşan kabuklaşma 3 mm'yi genellikle geçmemekte, bu kalınlığın üzerinde silikat tabakasında kopmalar meydana gelmektedir. Silikat oluşumundan dolayı ısı transferinde % 40'lara varan bir azalma meydana gelebilmektedir. Bu problemin aşılması amacıyla çalışmalar sürmektedir. Borulardaki kabuklaşmanın temizlenmesi açısından sistem yaklaşık olarak 40 gün işletmede kalmakta, 1 gün boru ve eşanjör temizliği için durdurulmaktadır. Temizleme işlemi 1200 bar basınçlı su ile yapılmaktadır.

Şekil 2.9 Trafo ünitesi

## 2.3. Modelleme ve Analiz

**Kabuller**

Enerji ve ekserji hesaplamaları sırasında jeotermal akışkanın termodinamik özellikleri saf suya eşit alarak hesaplanmıştır. Jeotermal akışkanın, suyun, buharın ve LiBr-Su çiftinin termodinamik özellikleri Mühendislik Denklem Çözücü (EES) bilgisayar programı kullanılarak tespit edilmiştir. Bahsedilen program, enerji ve ekserji analizlerinde akışkanların termodinamik özelliklerinin belirlenmesinde sıkça tercih edilen bir programdır. Sistem için kütle, enerji ve ekserji denge eşitlikleri aşağıdaki bölümlerde sırasıyla verilmiştir.

**Enerji Analizi**

Bu bölümde kütle, enerji ve ekserji denge eşitlikleri hem tüm sistemin hem de sistemin tüm elemanları için belirlenmiştir.

$$\sum_{i=1}^{n} \dot{m}_{gir.} = \sum_{i=1}^{n} \dot{m}_{çik.} \quad (2.1)$$

Sürekli akışlı açık sistemde, kontrol hacminin toplam enerjisi sabittir. Sürekli akışlı açık bir sistem için genel olarak termodinamiğin birinci yasası veya enerjinin korunumu ilkesi matematiksel olarak aşağıdaki eşitlik ile verilmektedir.

$$\dot{E}_{gir.} = \dot{E}_{çik.} \quad (2.2)$$

$$\dot{Q} - \dot{W} = \sum_{i=1}^{n} \dot{m}_{çik.} \cdot h_{çik.} - \sum_{i=1}^{n} \dot{m}_{gir.} \cdot h_{gir.} \quad (2.3)$$

Absorpsiyonlu soğutma sistemi için enerji dengesi en genel haliyle aşağıdaki biçimiyle verilmektedir.

$$Q_{Jenerator} + Q_{Buharlastirici} + W_{Pompa} = Q_{Yogusturucu} + Q_{Absorver} \quad (2.4)$$

Türbin, ısı eşanjörü, buharlaştırıcı ve pompalara ait enerji verimliliği bağıntıları aşağıda sırasıyla verilmektedir.

$$\eta_{türb.} = \frac{\dot{W}_{Turb.}}{\dot{E}_{gir.} - \dot{E}_{çik.}} \tag{2.5}$$

Elektrik türbinin enerji verimi, üretilen elektrik enerjisinin miktarının türbine giren-çıkan akışkan enerji değeri farkına oranlanması ile tespit edilmektedir. Eşanjörün enerji verimliliği ise, soğuk akışkandaki enerji değişiminin sıcak akışkandaki enerji değişimine oranı şeklinde bulunmaktadır. Eşitlik aşağıdaki bağıntı ile verilmektedir:

$$\eta_{esj.-buh.} = \frac{\dot{m}_{sgk}(h_{sgk,çik} - h_{sgk,gir})}{\dot{m}_{sck}(h_{sck,çik} - h_{sck,gir})} \tag{2.6}$$

Pompa için enerji verimliliği, akışkandaki enerji değişiminin pompanın çekmiş olduğu elektrik gücüne bölünmesiyle bulunmaktadır.

$$\eta_{pompa} = \frac{\dot{E}_{çik.} - \dot{E}_{gir.}}{\dot{W}_{pompa}} \tag{2.7}$$

**Ekserji Analizi**

Ekserji metodu, termodinamik kayıpları sadece birinci kanuna göre değil hem birinci hem de ikinci kanuna dayanarak değerlendiren bir termodinamik analiz metodudur. Ekserji analizinin asıl amacı ısıl ve kimyasal süreçlerin termodinamik kusurlarının sebeplerini miktar olarak değerlendirmek ve ortaya çıkarmaktır.

Bu çalışmada jeotermal akışkanın, suyun, buharın ve LiBr-Su çiftinin spesifik ekserji değerleri aşağıdaki eşitlikler kullanılarak bulunmuştur.

$$\psi = (h - h_0) - T_0(s - s_0) \tag{2.8}$$

Eşitlikte ‘ψ’ spesifik ekserji’yi göstermektedir. $h_0$, $s_0$ ve $T_0$ referans çevre şartlarında incelemenin yapıldığı akışkan için entalpi, entropi ve sıcaklık değerlerini ifade etmektedir. Ekserji akısı ise;

$$\dot{E}x_i = \sum_{i=1}^{n} \dot{m}_i \left[(h_i - h_0) - T_0(s_i - s_0)\right] \tag{2.9}$$

Şeklinde verilmektedir. Burada $\dot{E}x$ sistemde belirtilen herhangi bir noktadaki ekserji miktarıdır. Pompa ve ısı eşanjörü için ekserji yıkımları/kayıpları aşağıda verilmiştir.

$$\dot{E}x_{yik,Esj} = \dot{E}x_{gir,Esj} - \dot{E}x_{çik,Esj} \tag{2.10}$$

$$\dot{E}x_{yik,pompa} = \dot{W}_{pompa} - (\dot{E}x_{gir,pompa} - \dot{E}x_{çik,pompa}) \tag{2.11}$$

Eşanjörün ekserji verimliliği, soğuk akışkandaki ekserji değişiminin sıcak akışkandaki ekserji değişimine oranı şeklindedir. Bu eşitlik aşağıda verilmiştir.

$$\varepsilon_{Esj.} = \frac{\dot{m}_{sgk}(\psi_{sgk,çik} - \psi_{sgk,gir})}{\dot{m}_{sck}(\psi_{sck,çik} - \psi_{sck,gir})} \tag{2.12}$$

Bunun yanında sistemin ekserji verimliliği aşağıdaki eşitlikten bulunabilir.

$$\varepsilon_{sis} = \frac{\dot{E}x_{yararli}}{\dot{E}x_{ja}} = 1 - \frac{\dot{E}x_{T,yikim} + \dot{E}x_{reen.} + \dot{E}x_{T,kayip}}{\dot{E}x_{ja}} \tag{2.13}$$

Burada $\dot{E}x_{ja}$ jeotermal akışkanın kuyubaşındaki toplam ekserjisini ifade etmektedir. $\dot{E}x_{reen.}$ ise sistemden yeraltına pompalanan jeotermal akışkanın ekserjisini ifade etmektedir.

## Absorpsiyonlu Soğutma Çevrimi İçin Temel Kavramlar

### Soğutma tesiri katsayısı (STK)

Absorpsiyonlu soğutmada sistem için soğutma tesiri katsayısı veya COP aşağıdaki formülle hesaplanabilir.

$$STK = \frac{Q_{Buharlastirici}}{Q_{Jenerator} + W_{Pompa}} \cong \frac{Q_{Buharlastirici}}{Q_{Jenerator}} \tag{2.14}$$

Çoğunlukla kondenser ile eveparatör arasındaki basınç farkı çok düşük değerlerdedir. Bu sebeple, pompadan sisteme olan iş girdisi jeneratördeki ısı girdisine oranla düşük düzeyde olduğundan çoğu zaman göz ardı edilebilmektedir [7]. STK faktöründeki artış sistemin ekonomik performansı üzerinde pozitif bir etki oluşturmaktadır [8]. Tek çift ve üç etkili sistemler için STK değerinin jeneratör sıcaklığıyla değişimi Şekil 'de verilmektedir.

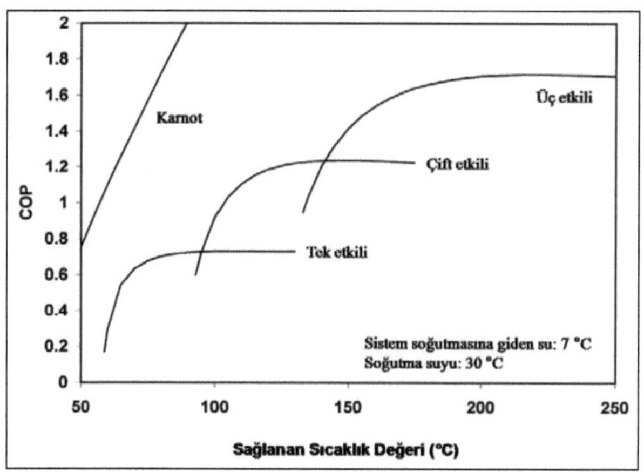


Şekil 2.10 LiBr–$H_2O$ çifti için sisteme sağlanan su sıcaklığının soğutma etkinlik katsayısına etkisi [9].

### Etki

Absorpsiyonlu soğutma sisteminde kullanılan 'Etki' terimi soğutmanın oluşturulması için enerji girdisinin sayısını ifade etmektedir. Çift ve üç etkili sistemler daha yüksek STK değerlerine ulaşılabilmektedir [10].

### Çözelti devirdaim oranı (CDO)

Çözelti devirdaim oranı (CDO), jeneratöre giren seyreltik çözelti kütlesel debisinin jeneratörden sisteme verilen soğutucu akışkan kütlesel debisine oranı olarak ifade edilebilmektedir.

$$CDO_{\exp} = \frac{\dot{m}_{abs-jen} - \dot{m}_{sog.}}{\dot{m}_{sog}} \qquad (2.15)$$

Eşitlik 2.15 ile verilen $\dot{m}_{sog}$ evaparatörde buharlaşan soğutucu akışkan miktarıdır. $\dot{m}_{abs}$ absorber ile jeneratör arasındaki çözelti devirdaim miktarını belirtmektedir. Teorik olarak çözelti devirdaim oranı aşağıdaki biçimde bulunabilir.

$$CDO_{teo} = \frac{X_{jen}}{X_{jen} - X_{abs}} \tag{2.16}$$

2.16 ile verilen eşitlikte yer alan $X$ terimi LiBr kütlesel konsantrasyonunu ifade etmektedir. Çözelti devirdaim oranı sistem performansı üzerinde güçlü bir etkiye sahiptir. Düşük çözelti devirdaim oranı yüksek STK değerlerine ulaşılmasını sağlamaktadır. Bunun sebebi şu şekilde ifade edilebilir, belirli bir soğutma kapasitesi için çözelti devirdaim oranındaki artış eşanjörden gelen aşırı soğutulmuş çözeltinin ısıtılması için jeneratörde daha fazla enerji gereksinimine sebep olmaktadır. CDO değerini azaltmak için, jeneratördeki çözelti konsantrasyonu ile absorberdeki konsantrasyon farkının olabildiğince yüksek düzeyde olması gerekmektedir.

**Absorber etkinliği**

Absorberdeki etkinlik katsayısı şu şekilde ifade edilebilir: soğutucu çözeltinin gerçek konsantrasyonunun teorik soğutucu çözelti konsantrasyonuna oranını [11].

**Kristalleşme**

LiBr-$H_2O$ çözeltili absorbsiyonlu soğutma sisteminde çözelti konsantrasyonu % 65'den yüksek olmamalıdır. Bunun sebebi, çözeltinin kristalleşme sorunu oluşturmasıdır. Bu sorun sistemin verimli çalışmasını olumsuz etkilemektedir.

**Çözelti Konsantrasyon**

Absorbsiyonlu soğutmada çözelti konsantrasyonu (X) değeri aşağıdaki eşitlikten elde edilebilmektedir.

$$X_{LiBr} = \frac{m_{LiBr}}{m_{H_2O} + m_{LiBr}} \quad (2.17)$$

**Enerjetik ve Ekserjetik Performans Parametreleri**

**İyileştirilebilirlik potansiyeli (IP)**

Hammond ve Stapleton [12] tarafından geliştirilen 'iyileştirme potansiyeli (IP)' sistemde ne düzeyde bir geliştirilebilirlik potansiyelinin olduğunu göstermektedir.

$$IP = (1 - \varepsilon_i)\left[\dot{E}x_{i,gir} - \dot{E}x_{i,çik}\right] \quad (2.18)$$

Coşkun ve arkadaşları [13] jeotermal sistemler için literatüre dört yeni enerjetik ve ekserjetik parametre kazandırılmıştır. Bu parametreler şu şekilde sıralanabilir: Sistem Enerjetik Yenilenebilirlik Oranı ( $R_{\mathrm{Ren}_E}$ ), Sistem Ekserjetik Yenilenebilirlik Oranı ( $R_{\mathrm{Ren}_{Ex}}$ ), Enerjetik Reenjeksiyon Oranı ( $R_{\mathrm{Rein}_E}$ ), Ekserjetik Reenjeksiyon Oranı ( $R_{\mathrm{Rein}_{Ex}}$ ). Aşağıda bu parametrelerin detaylı tanımları ve formülleri verilmiştir.

**Sistem enerjetik yenilenebilirlik oranı**

Yenilenebilir enerji sistemleri için sistemde yararlanılan enerjinin ( $\dot{E}n_{kul}$ ) toplam enerji girdisine ( $\dot{E}n_{gir.}$ ) (yenilenebilir ve yenilenemez bir arada) oranı 'Enerjetik Yenilenebilirlik Oranı' olarak tanımlanmıştır.

$$R_{\mathrm{Ren}_E} = \frac{\dot{E}n_{kul}}{\dot{E}n_{gir.}} \quad (2.19)$$

**Sistem ekserjetik yenilenebilirlik oranı**

Yenilenebilir enerji sistemleri için sistemde yararlanılan ekserjinin ( $\dot{E}x_{kul}$ ) toplam ekserji girdisine ( $\dot{E}x_{gir.}$ ) (yenilenebilir ve yenilenemez bir arada) oranı 'Ekserjetik Yenilenebilirlik Oranı' olarak tanımlanmıştır.

$$R_{\mathrm{Ren}_{Ex}} = \frac{\dot{E}x_{kul}}{\dot{E}x_{gir.}} \tag{2.20}$$

**Sistem enerjetik reenjeksiyon oranı**

Yenilenebilir enerji sistemleri için sistemden jeotermal akışkanla yeraltına veya doğaya bırakılan enerjinin ( $\dot{E}_{\mathrm{Rein}}$ ), sağlanan toplam jeotermal enerjiye oranına 'Sistem Enerjetik Reenjeksiyon Oranı' denilmektedir.

$$R_{\mathrm{Rein}_E} = \frac{\dot{E}_{\mathrm{Rein}}}{\dot{E}_{ja}} \tag{2.21}$$

**Sistem ekserjetik reenjeksiyon oranı**

Yenilenebilir enerji sistemleri için sistemden jeotermal akışkanla yeraltına veya doğaya bırakılan ekserjinin ( $\dot{E}x_{\mathrm{Rein}}$ ), sağlanan toplam jeotermal ekserji ye ( $\dot{E}x_{ja}$ ) oranı 'Sistem Ekserjetik Reenjeksiyon Oranı'dır.

$$R_{\mathrm{Rein}_{Ex}} = \frac{\dot{E}x_{\mathrm{Rein}}}{\dot{E}x_{ja}} \tag{2.22}$$

**Yeni ekserjetik paremetreler**

Bu çalışmada, literatüre katkıda bulunmak üzere üç yeni ekserjetik parametre verilmektedir. Bunlar sırasıyla, Toplam Ekserji Yıkım Oranı (TEkYO), Sistem Elemanları Ekserji Yıkım Oranı (SEEkYO), Boyutsuz Ekserji Yıkım Oranı (BEkYO). Paremetrelerin detaylı açıklamaları alt bölümlerde ayrıntılı olarak verilmiştir.

**Toplam ekserji yıkım oranı (TEkYO)**

Sistemdeki ekserji kayıp ve yıkımının toplamının ($\dot{E}x_{Tplm.ykm.}$), tüm ekserji girdi değerine ($\dot{E}x_{Tplm.gir.}$) oranına 'Toplam Ekserji Yıkım Oranı' denilmektedir.

$$TEkYO = \frac{\dot{E}x_{Tplm.ykm.}}{\dot{E}x_{Tplm.gir.}} \quad (2.23)$$

**Sistem elemanları ekserji yıkım oranı (SEEkYO)**

Sistemdeki herhangi bir elemanın ekserji yıkım ve kayıp toplamının ($\dot{E}x_{i,ykm.}$) ekserji girdisine ($\dot{E}x_{Tplm.gir.}$) oranına 'Sistem Elemanları Ekserji Yıkım Oranı' denilmektedir. 5.25 ile verilen eşitlikte 'i' sistem elemanlarını ifade etmektedir.

$$SEEkYO = \frac{\dot{E}x_{i,ykm.}}{\dot{E}x_{Tplm.gir.}} \quad (2.24)$$

**Boyutsuz ekserji yıkım oranı (BEkYO)**

Sistemdeki herhangi bir elemanın ekserji yıkımının ($\dot{E}x_{i.ykm.}$) toplam ekserji yıkımına ($\dot{E}x_{Tplm.,ykm.}$) oranına 'Boyutsuz Ekserji Yıkım Oranı' denilmektedir.

$$BEkYO = \frac{\dot{E}x_{i.ykm.}}{\dot{E}x_{Tplm.,ykm.}} \quad (2.25)$$

## 2.4. Sistemin Geliştirilmesi ve Modelin Uygulanması

Jeotermal enerjiden, farklı kıstaslar doğrultusunda birçok yararlanma yöntemi bulunmaktadır. Literatür incelemesi sonucuna göre bu yöntemler şu şekilde sıralanabilir: Elektrik üretimi, merkezi ısıtma ve soğutma, sıcak su ihtiyacının karşılanması, sera ısıtması, hidrojen üretimi, kurutma, ısı pompası uygulamaları v.b.

Bu bölümde elektrik üretimi, merkezi ısıtma ve soğutma, sıcak su ihtiyacının karşılanması, sera ısıtması bölümleri ve kombinasyonları analiz edilmiştir. Analiz, ana hatlarıyla iki bölüme ayrılmaktadır. Bunlar elektrik üretimiyle birleşik sistemler ve elektrik üretimi hariç birleşik sistemler olarak guruplandırılmıştır. Bu iki ana başlık için 13 kombinasyonun iş akış şemaları Şekil 2.11 ve Şekil 2.12'de verilmektedir.

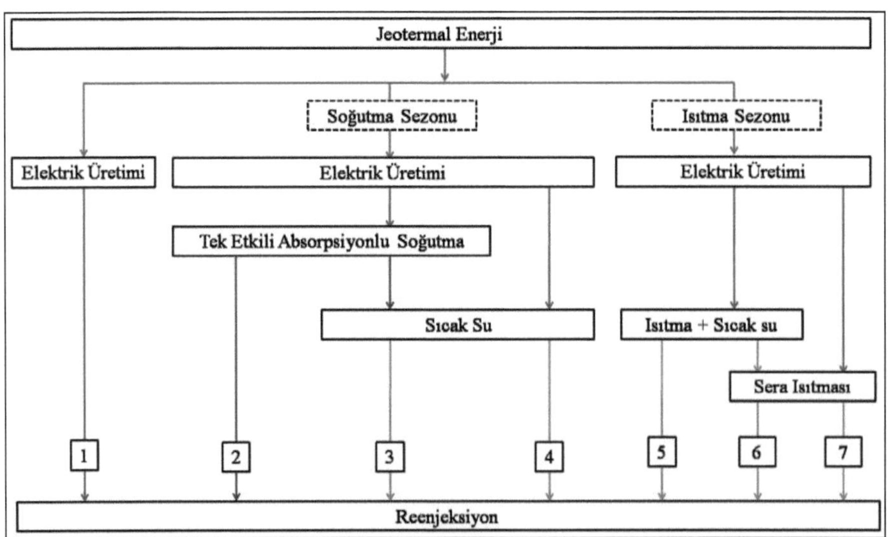


Şekil 2.11 Elektrik üretimiyle birleşik sistemleri için iş akış şeması

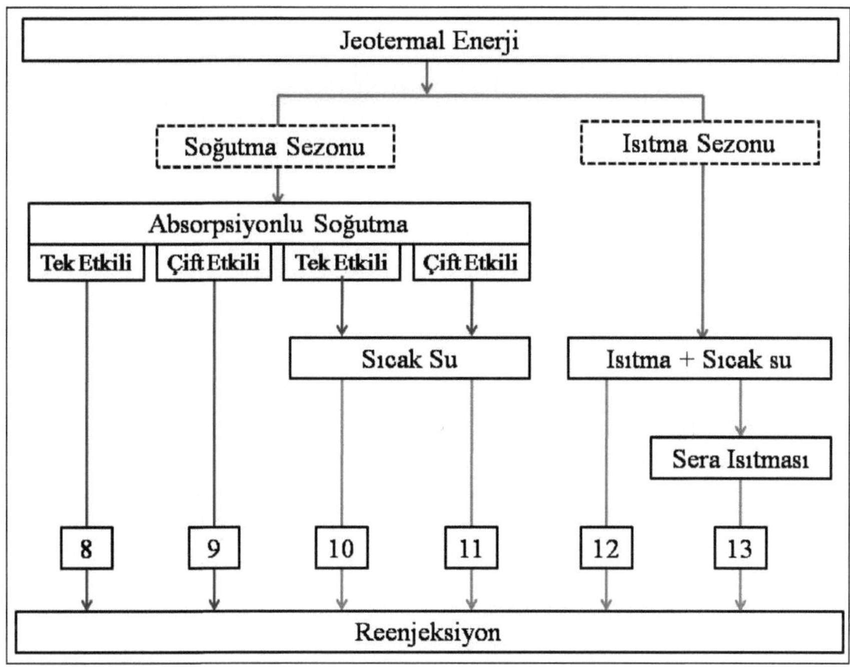


Şekil 2.12 Elektrik üretimi hariç birleşik sistemler için iş akış şeması

## 2.5 Elektrik Üretim (Mevcut Sistem) Analizi

Elektrik üretiminin elemanları ile şematik gösterimi Şekil 2.13'de verilmiştir. Şekilden anlaşılacağı üzere incelenen elektrik üretim sistemi için kullanılan sistem elemanları, buharlaştırma ünitesi, ön ısıtıcı-I, ön ısıtıcı-II, türbin, yoğuşturucu, pompalar, ayırıcılar (seperatörler) ve reenjeksiyon bölümü olarak sayılabilir. Yapılan hesapların daha iyi anlaşılması açısından örnek bir gün için kullanılan veriler ve bu verilere ait termodinamik değerler Tablo 2.2'de verilmiştir. Bu tablo yardımı ile belirlenen herhangi bir noktadaki akışkanın cinsi, kütlesel debisi, basınç, sıcaklık, entalpi, entropi, enerji ve ekserji değerleri kolaylıkla görülebilmektedir. Sistem elemanlarının enerji-ekserji verim değerleri, ısıl kayıplar, ekserjetik yıkım/kayıp değerleri Tablo 2.3'de verilmiştir. Enerji ve ekserji analizi bölümünde verilen formüller kullanılarak sistem enerji ve ekserji analizleri gerçekleştirilmiştir.

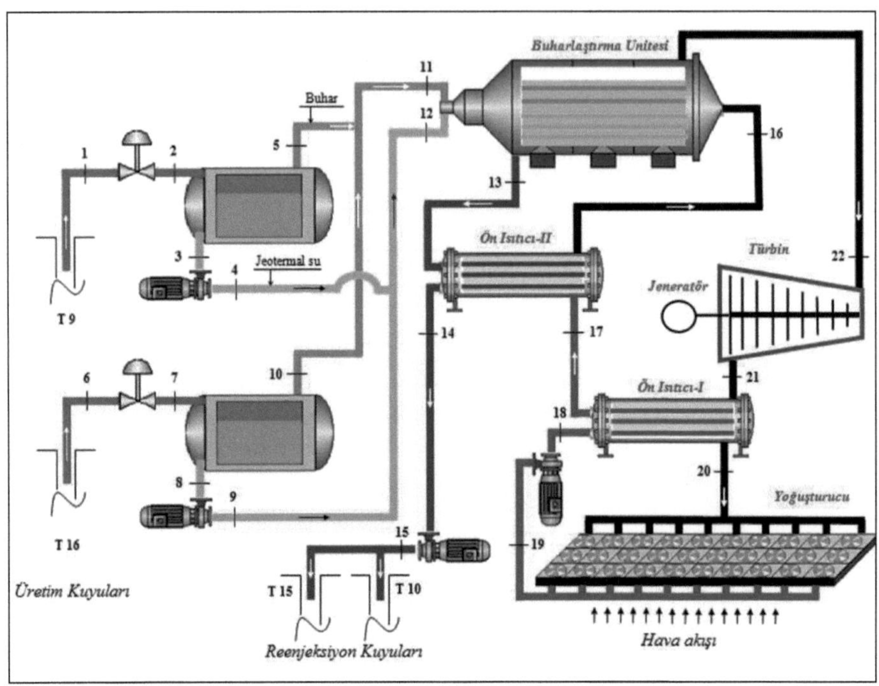


Şekil 2.13 Elektrik üretiminin iş akış şeması

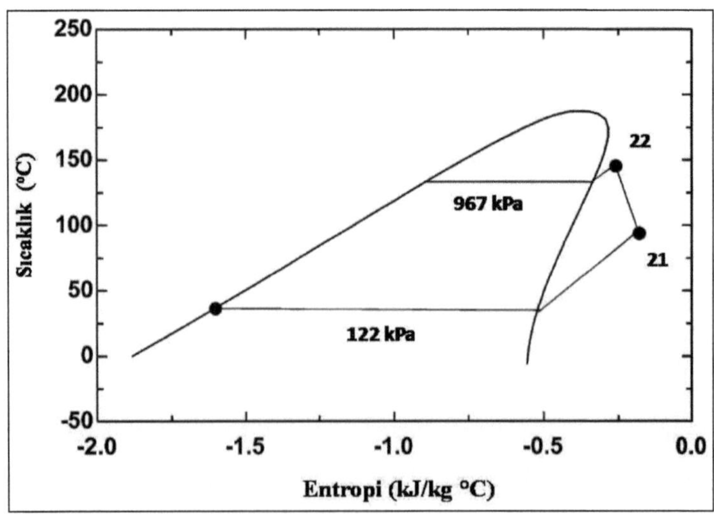


Şekil 2.14 Örnek jeotermal elektrik üretim sistemi için Sıcaklık-Entropi (T-s) diyagramı

Örnek jeotermal elektrik üretim sistemi için sıcaklık-entropi (T-s) diyagramı Şekil 2.14'de verilmektedir. Örnek sistem için enerji ve ekserji akış grafiğikleri Şekil 2.15-16'da ayrıntılı bir biçimde ortaya konmaktadır.

Tablo 2.2 Örnek jeotermal elektrik üretim sistemi için termodinamik özellikler, enerji ve ekserji değerleri

| Kesit No | Akışkan | Debi $\dot{m}$ (kg/s) | Sıcaklık $T$ (°C) | Basınç $P$ (kPa) | Entalpi $h$ (kJ/kg) | Entropi $s$ (kJ/kg°C) |
|---|---|---|---|---|---|---|
| 0 | Izopen. | - | 25.4 | 101 | -349.1 | -1.687 |
| 0 | Su | - | 25.4 | 101 | 106.6 | 0.373 |
| 1 | JS | 79.11 | 156.8 | 570 | 692.0 | 1.959 |
| 2 | JS+B | 79.11 | 142.8 | 391 | 691.8 | 1.986 |
| 3 | JS | 75.75 | 142.8 | 391 | 601.2 | 1.769 |
| 4 | JS | 75.75 | 142.9 | 772 | 601.9 | 1.769 |
| 5 | B | 3.36 | 142.8 | 391 | 2737 | 6.903 |
| 6 | JS | 23.42 | 164.2 | 687 | 794.0 | 2.214 |
| 7 | JS+B | 23.42 | 142.8 | 391 | 793.8 | 2.231 |
| 8 | JS | 21.31 | 142.8 | 391 | 601.2 | 1.769 |
| 9 | JS | 21.31 | 142.9 | 728 | 601.8 | 1.769 |
| 10 | B | 2.11 | 142.8 | 391 | 2737 | 6.903 |
| 11 | B | 5.47 | 141.5 | 377 | 2735.4 | 6.915 |
| 12 | JS | 97.06 | 142.6 | 550 | 600.4 | 1.766 |
| 13 | JS | 102.53 | 116.5 | 320 | 489.1 | 1.490 |
| 14 | JS | 102.53 | 90.6 | 240 | 379.7 | 1.200 |
| 15 | JS | 102.53 | 90.7 | 540 | 380.3 | 1.201 |
| 16 | Izopen. | 77.80 | 103.5 | 967 | -153.2 | -1.111 |
| 17 | Izopen. | 77.80 | 49.0 | 967 | -293.3 | -1.512 |
| 18 | Izopen. | 77.80 | 32.8 | 967 | -331.6 | -1.633 |
| 19 | Izopen. | 77.80 | 32.7 | 120 | -332.4 | -1.632 |
| 20 | Izopen. | 77.80 | 38.4 | 122 | 16.2 | -0.495 |
| 21 | Izopen. | 77.80 | 60.2 | 126 | 55.7 | -0.376 |
| 22 | Izopen. | 77.80 | 121.4 | 967 | 139.9 | -0.353 |

Tablo 2.3 Örnek jeotermal elektrik üretim sistem elemanlarının enerjetik ve ekserjetik performans değerleri

| Sistem Bileşenleri | Isıl kayıplar (MW) | Ekserji Kayıpları (MW) | Enerji verimi (%) | Ekserji verimi (%) | *IP* (MW) |
|---|---|---|---|---|---|
| Buharlaştırıcı | 0.287 | 1.035 | 98.75 | 83.41 | 172 |
| Ön Isıtıcı-I | 0.093 | 0.140 | 96.96 | 54.97 | 63 |
| Ön Isıtıcı-II | 0.317 | 0.754 | 97.17 | 67.84 | 242 |
| Türbin | 0.616 | 0.082 | 90.60 | 98.60 | 2 |
| Pompalar | 0.030 | 0.038 | 86.16 | 82.81 | 7 |
| Ayırıcılar | 0.016 | 0.801 | 99.97 | 90.24 | 78 |
| Yoğuşturucu | 27.121 | 0.725 | - | - | - |
| Reenjeksiyon | 28.062 | 2.730 | - | - | - |

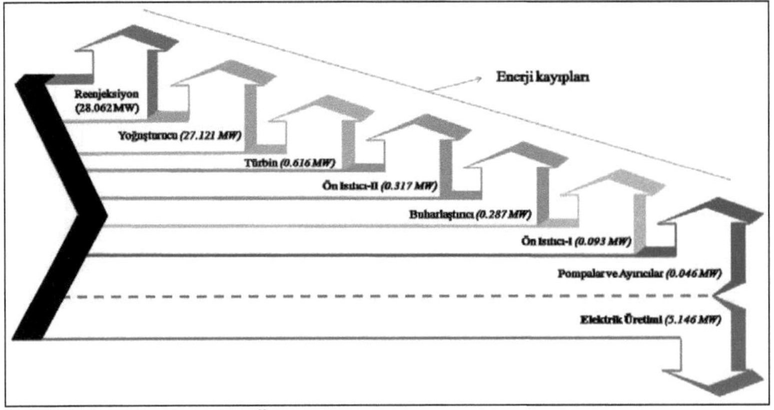


Şekil 2.15 Örnek sistem için enerji akış grafiği

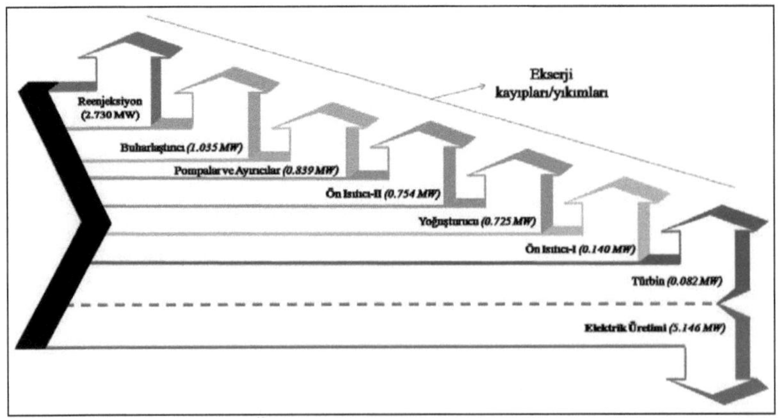


Şekil 2.16 Örnek sistem için ekserji akış grafiği

**Enerji analizi**

Sistemin herhangi bir kesitindeki enerji akışı aşağıdaki biçimde ifade edilebilir

$$\dot{E}_i = \dot{m}_i \cdot (h_i - h_0) \tag{2.26}$$

2.26 numara ile verilen eşitlikte $h$ ile verilen kavram entalpi değerini ortaya koymaktadır. Güç santralinin enerji verimi aşağıdaki biçimde ifade edilmiştir.

$$\eta_{sis.} = \frac{\dot{E}_{net}}{\dot{E}_{gir.}} \tag{2.27}$$

2.27 numara ile verilen eşitlikte $\dot{E}_{in}$ ve $\dot{E}_{net}$ sırasıyla sisteme giren enerji ve net enerji çıktısını ifade etmektedir.

$$\dot{E}_{net} = \dot{W}_{Turb.} - \dot{W}_{ieg.} \tag{2.28}$$

$$\dot{E}_{gir.} = \dot{E}_1 + \dot{E}_6 \tag{2.29}$$

2.28 numara ile verilen eşitlikte $\dot{W}_{Turb.}$ ile ifade edilen kavram türbinde üretilen elektrik gücünü ifade etmektedir. $\dot{W}_{ieg.}$ işletme elektrik giderini ifade etmektedir. Bilindiği üzere tüm elektrik santrallerinde pompaların, fanların ve diğer ekipmanların işletilmesi için bir elektrik gideri bulunmaktadır. Isopentan güç çevriminin enerji verim değeri aşağıda verilen formülle ifade edilmektedir.

$$\eta_{ipc.} = \frac{\dot{W}_{Turb.}}{(\dot{E}_{11} + \dot{E}_{12}) - \dot{E}_{14}} \tag{2.30}$$

Ön ısıtıcı-I ve II için enerji kaybı 31-32 ile verilen eşitliklerle hesaplanmaktadır.

$$\dot{E}_{kay.,OI-I} = (\dot{E}_{18} + \dot{E}_{21}) - (\dot{E}_{20} + \dot{E}_{17}) \tag{2.31}$$

$$\dot{E}_{kay.,OI-II} = (\dot{E}_{13} + \dot{E}_{17}) - (\dot{E}_{14} + \dot{E}_{16}) \tag{2.32}$$

Ön ısıtıcılar için enerji verim değeri 33-34 ile verilen eşitliklerle hesaplanmaktadır.

$$\eta_{OI-I} = \frac{\dot{E}_{17} - \dot{E}_{18}}{\dot{E}_{21} - \dot{E}_{20}} \tag{2.33}$$

$$\eta_{Pre-II} = \frac{\dot{E}_{16} - \dot{E}_{17}}{\dot{E}_{13} - \dot{E}_{14}} \tag{2.34}$$

Türbin için ısıl kayıp ve izentropik verim 2.35 ve 2.36 ile verilen eşitliklerle hesaplanmaktadır.

$$\dot{E}_{kay.,Turb.} = (\dot{E}_{22} - \dot{E}_{21}) - \dot{W}_{Turb.} \tag{2.35}$$

$$\eta_{Turb.} = \frac{\dot{W}_{Turb.}}{\dot{E}_{22} - \dot{E}_{21}} \tag{2.36}$$

Buharlaştırma ünitesi için ısıl kayıp ve enerji verim değeri 2.37-2.38 ile verilen eşitliklerle hesaplanmaktadır.

$$\dot{E}_{kay.,Buh.} = (\dot{E}_{11} + \dot{E}_{12} + \dot{E}_{16}) - (\dot{E}_{13} + \dot{E}_{22}) \tag{2.37}$$

$$\eta_{Buh.} = \frac{(\dot{E}_{22} - \dot{E}_{16})}{(\dot{E}_{11} + \dot{E}_{12} - \dot{E}_{13})} \tag{2.38}$$

İki separator ünitesi için ısıl kayıplar ve enerji verim değeri aşağıdaki biçimde verilmektedir.

$$\dot{E}_{kay.,Sep.} = (\dot{E}_1 + \dot{E}_6) - (\dot{E}_3 + \dot{E}_5 + \dot{E}_8 + \dot{E}_{10}) \tag{2.39}$$

$$\eta_{Sep.} = \frac{(\dot{E}_3 + \dot{E}_5 + \dot{E}_8 + \dot{E}_{10})}{(\dot{E}_1 + \dot{E}_6)} \tag{2.40}$$

Pompa, yoğuşturucu ve reenjeksiyon ünitesinden oluşan ısıl kayıplar aşağıdaki biçimde ifade edilebilmektedir.

$$\dot{E}_{kay.,Pompa} = \dot{W}_{Pompa} - (\dot{E}_{cik.} - \dot{E}_{gir.}) \tag{2.41}$$

$$\dot{E}_{kay.,,Yog.} = \dot{E}_{20} - \dot{E}_{19} \tag{2.42}$$

$$\dot{E}_{kay.,Reen.} = \dot{E}_{15} \tag{2.43}$$

**Ekserji analizi**

Spesifik akış ekserjisi (ψ) aşağıdaki formülle ifade edilmektedir.

$$\psi = (h - h_0) - T_0(s - s_0) \quad (2.44)$$

2.44 ile verilen eşitlikte $T_0$, $h_0$ ve $s_0$ referans çevre sıcaklığı, referans entalpi ve entropi'yi ifade etmektedir. Spesifik akış ekserjisi ile kütlenin çarpımı, istenilen bir noktadaki ekserji değerini vermektedir.

$$\dot{E}x_i = \dot{m}_i\left[(h_i - h_0) - T_0(s_i - s_0)\right] \quad (2.45)$$

Güç santralinin net ekserji verimi aşağıdaki biçimde ifade edilmiştir.

$$\varepsilon_{sis.} = \frac{\dot{E}x_{net}}{\dot{E}x_{gir.}} \quad (2.46)$$

2.48 ve 2.49 ile verilen eşitlikte $\dot{E}x_{in}$ ve $\dot{E}x_{net}$ sırasıyla sisteme giren ekserji ve net ekserji çıktısını ifade etmektedir.

$$\dot{E}x_{net} = \dot{W}_{Turb.} - \dot{W}_{ieg.} \quad (2.47)$$

$$\dot{E}x_{gir.} = \dot{E}x_1 + \dot{E}x_6 \quad (2.48)$$

Isopentan güç çevriminin ekserji verim değeri 2.49 ile verilen eşitlikle hesaplanmaktadır.

$$\varepsilon_{ipc.} = \frac{\dot{W}_{Turb.}}{(\dot{E}x_{11} + \dot{E}x_{12}) - \dot{E}x_{14}} \quad (2.49)$$

Ön ısıtıcı-I ve II için ekserji kaybı/yıkımı 2.50 ve 2.51 ile verilen eşitliklere hesaplanmaktadır.

$$\dot{E}x_{ky.,OI-I} = (\dot{E}x_{18} + \dot{E}x_{21}) - (\dot{E}x_{20} + \dot{E}x_{17}) \quad (2.50)$$

$$\dot{E}x_{ky.,OI-II} = (\dot{E}x_{13} + \dot{E}x_{17}) - (\dot{E}x_{14} + \dot{E}x_{16}) \quad (2.51)$$

Ön ısıtıcılar için ekserji verim değeri 2.52 ve 2.53 ile verilen eşitliklere hesaplanmaktadır.

$$\varepsilon_{OI-I} = \frac{\dot{E}x_{17} - \dot{E}x_{18}}{\dot{E}x_{21} - \dot{E}x_{20}} \tag{2.52}$$

$$\varepsilon_{OI-II} = \frac{\dot{E}x_{16} - \dot{E}x_{17}}{\dot{E}x_{13} - \dot{E}x_{14}} \tag{2.53}$$

Türbin için ekserji kayıp/yıkım ve verim değeri aşağıda belirtilen şekilde bulunabilmektedir.

$$\dot{E}x_{ky., Turb.} = (\dot{E}x_{22} - \dot{E}x_{21}) - \dot{W}_{Turb.} \tag{2.54}$$

$$\varepsilon_{Turb.} = \frac{\dot{W}_{Turb.}}{\dot{E}x_{22} - \dot{E}x_{21}} \tag{2.55}$$

Buharlaştırma ünitesi için ekserji kayıp/yıkım ve verim değeri aşağıda belirtilen biçimde ifade edilmektedir.

$$\dot{E}x_{ky., Buh..} = (\dot{E}x_{11} + \dot{E}x_{12} + \dot{E}x_{16}) - (\dot{E}x_{13} + \dot{E}x_{22}) \tag{2.56}$$

$$\varepsilon_{buh.} = \frac{(\dot{E}x_{22} - \dot{E}x_{16})}{(\dot{E}x_{11} + \dot{E}x_{12} - \dot{E}x_{13})} \tag{2.57}$$

İki separator ünitesi için ekserji kayıp/yıkım ve verim değeri aşağıda belirtilen biçimde verilmektedir.

$$\dot{E}x_{ky., Sep.} = (\dot{E}x_{1} + \dot{E}x_{6}) - (\dot{E}x_{3} + \dot{E}x_{5} + \dot{E}x_{8} + \dot{E}x_{10}) \tag{2.58}$$

$$\varepsilon_{Sep.} = \frac{(\dot{E}x_{3} + \dot{E}x_{5} + \dot{E}x_{8} + \dot{E}x_{10})}{(\dot{E}x_{1} + \dot{E}x_{6})} \tag{2.59}$$

Pompa, yoğuşturucu ve reenjeksiyon ünitesinden oluşan ekserji yıkım/kayıplar aşağıdaki biçimde hesaplanmaktadır.

$$\dot{E}x_{ky., Pompa} = \dot{W}_{Pompa} - (\dot{E}x_{cik.} - \dot{E}x_{gir.}) \tag{2.60}$$

$$\dot{E}x_{ky., Yog.} = \dot{E}x_{20} - \dot{E}x_{19} \tag{2.61}$$

$$\dot{E}x_{ky., Reen.} = \dot{E}x_{15} \tag{2.62}$$

**Enerji ve ekserji performans parametresi**

Iyileştirilebilirlik potansiyeli (IP) 6.38 ile verilen eşitlikten bulunabilmektedir.

$$\dot{I}P = (1-\varepsilon)\left[\dot{E}x_{gir.} - \dot{E}x_{cik.}\right] \quad (2.63)$$

Enerjetik ve ekserjetik yenilenebilirlik oranları sırasıyla $R_{\mathrm{Ren}_E}$ ve $R_{\mathrm{Ren}_{Ex}}$ olarak 2.64 ve 2.65 ile verilen eşitliklerden hesaplanmaktadır.

$$R_{\mathrm{Ren}_E} = \frac{\dot{W}_{Turb.}}{\dot{E}_{gir.} + \dot{W}_{ieg.}} \quad (2.64)$$

$$R_{\mathrm{Ren}_{Ex}} = \frac{\dot{W}_{Turb.}}{\dot{E}x_{gir.} + \dot{W}_{ieg.}} \quad (2.65)$$

Sistem enerjetik ve ekserjetik reenjeksiyon oranları sırasıyla $R_{\mathrm{Rein}_E}$ ve $R_{\mathrm{Rein}_{Ex}}$ olarak 2.66 ve 2.67 ile verilen eşitliklerden hesaplanmaktadır.

$$R_{\mathrm{Rein}_E} = \frac{\dot{E}_{15}}{\dot{E}_{gir.} + \dot{W}_{ieg.}} \quad (2.66)$$

$$R_{\mathrm{Rein}_{Ex}} = \frac{\dot{E}x_{15}}{\dot{E}x_{gir.} + \dot{W}_{ieg.}} \quad (2.67)$$

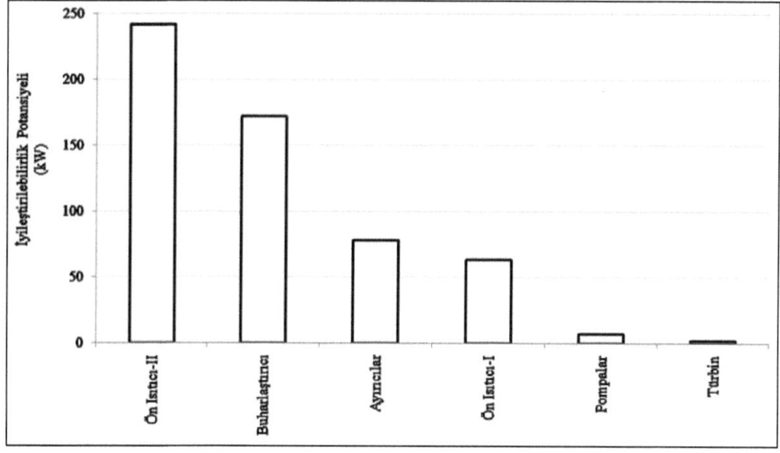


Şekil 2.17 Jeotermal kaynaklı elektrik üretim sistem elemanları için iyileştirilebilirlik potansiyeli

Jeotermal kaynaklı elektrik üretim sistem elemanları için iyileştirilebilirlik potansiyeli, boyutsuz ekserji yıkım oranının jeotermal kaynaklı elektrik üretim sistem elemanlarına bağlı dağılımı ve jeotermal kaynaklı elektrik üretim sistem elemanları ekserji yıkım oranlarının dağılımı Şekil 2.17-19 arasında verilmektedir.

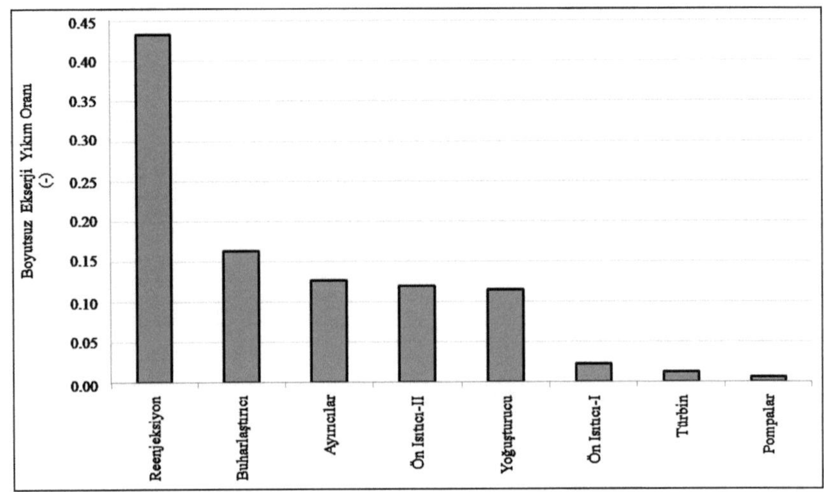


Şekil 2.18 Boyutsuz ekserji yıkım oranının jeotermal kaynaklı elektrik üretim sistem elemanlarına bağlı dağılımı

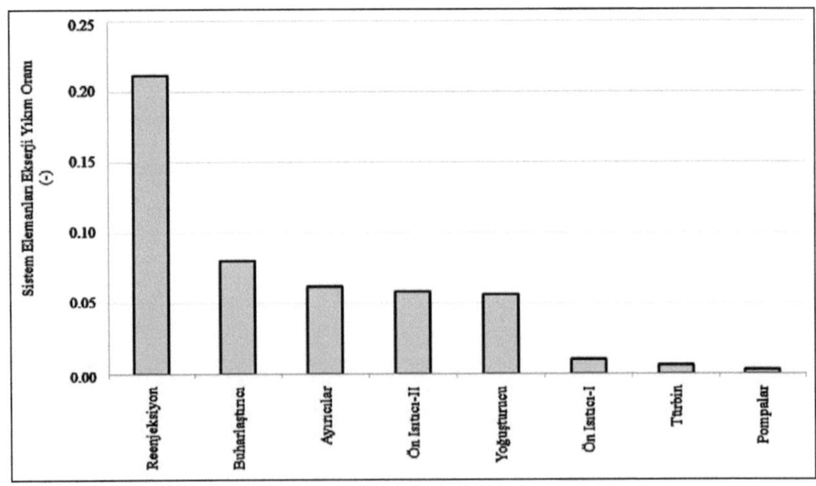


Şekil 2.19 Jeotermal kaynaklı elektrik üretim sistem elemanları ekserji yıkım oranlarının dağılımı

## 2.6 Elektrik Üretimi (EÜ) ve Tek Etkili Absorbsiyonlu Soğutma (TEAS) Birleşik Enerji Sistemi Analizi

Elektrik üretim sistemine tek etkili absorbsiyonlu soğutma sistemin eklenmesiyle oluşan birleşik sisteminin şematik gösterimi, termodinamik özellikleri ve performans değerleri sırasıyla Şekil 2.20 ve Tablo 2.4'de verilmiştir.

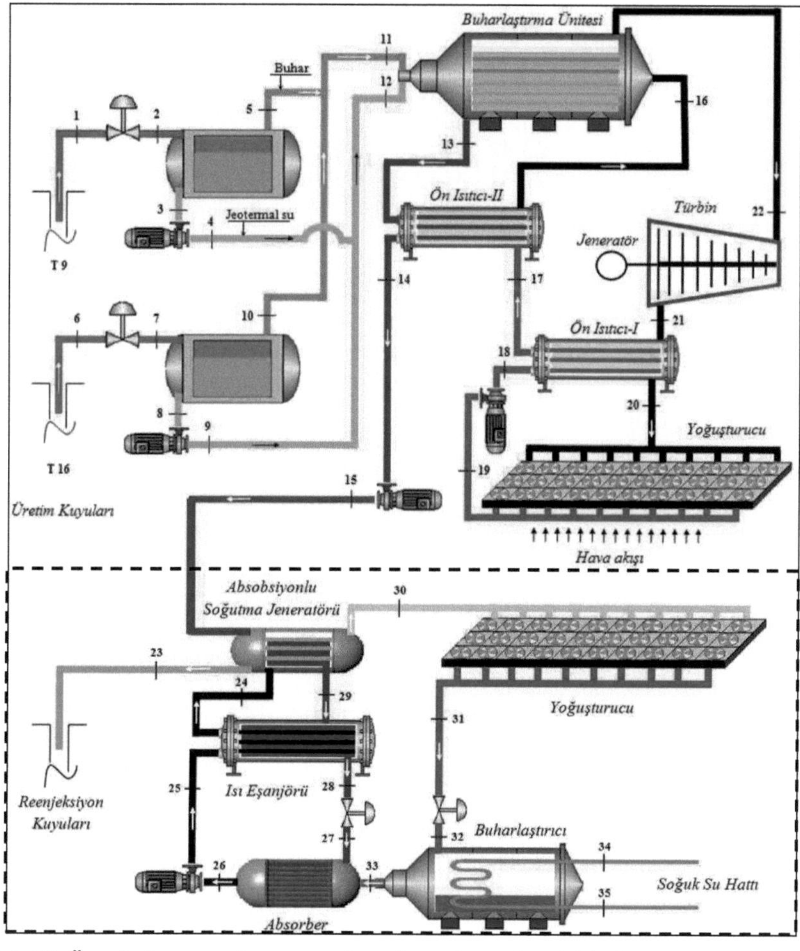


Şekil 2.20 Örnek jeotermal güç üretim sistemine tek etkili absorbsiyonlu soğutma ünitesinin eklenmesi ile oluşan iş akış şeması

Tablo 2.4 Elektrik üretimi ve tek etkili absorbsiyonlu soğutma birleşik enerji sistem işletme ve termodinamik verileri

| Kesit No | Akışkan | Debi $\dot{m}$ (kg/s) | Sıcaklık $T$ (°C) | Basınç $P$ (kPa) | Entalpi $h$ (kJ/kg) | Entropi $s$ (kJ/kg°C) |
|---|---|---|---|---|---|---|
| 0 | Izopen. | - | 25.4 | 101 | -349.1 | -1.687 |
| 0 | Su | - | 25.4 | 101 | 106.6 | 0.373 |
| 0 | LiBr-Su | - | 25.4 | 101 | -190 | 0.1479 |
| 0 | LiBr-Su | - | 25.4 | 101 | -185 | 0.1371 |
| 1 | JS | 79.11 | 156.8 | 570 | 692.0 | 1.959 |
| 2 | JS+B | 79.11 | 142.8 | 391 | 691.8 | 1.986 |
| 3 | JS | 75.75 | 142.8 | 391 | 601.2 | 1.769 |
| 4 | JS | 75.75 | 142.9 | 772 | 601.9 | 1.769 |
| 5 | B | 3.36 | 142.8 | 391 | 2737 | 6.903 |
| 6 | JS | 23.42 | 164.2 | 687 | 794.0 | 2.214 |
| 7 | JS+B | 23.42 | 142.8 | 391 | 793.8 | 2.231 |
| 8 | JS | 21.31 | 142.8 | 391 | 601.2 | 1.769 |
| 9 | JS | 21.31 | 142.9 | 728 | 601.8 | 1.769 |
| 10 | B | 2.11 | 142.8 | 391 | 2737 | 6.903 |
| 11 | B | 5.47 | 141.5 | 377 | 2735.4 | 6.915 |
| 12 | JS | 97.06 | 142.6 | 550 | 600.4 | 1.766 |
| 13 | JS | 102.53 | 116.5 | 320 | 489.1 | 1.490 |
| 14 | JS | 102.53 | 90.6 | 240 | 379.7 | 1.200 |
| 15 | JS | 102.53 | 90.7 | 540 | 380.3 | 1.201 |
| 16 | Izopen. | 77.80 | 103.5 | 967 | -153.2 | -1.111 |
| 17 | Izopen. | 77.80 | 49.0 | 967 | -293.3 | -1.512 |
| 18 | Izopen. | 77.80 | 32.8 | 967 | -331.6 | -1.633 |
| 19 | Izopen. | 77.80 | 32.7 | 120 | -332.4 | -1.632 |
| 20 | Izopen. | 77.80 | 38.4 | 122 | 16.2 | -0.495 |
| 21 | Izopen. | 77.80 | 60.2 | 126 | 55.7 | -0.376 |
| 22 | Izopen. | 77.80 | 121.4 | 967 | 139.9 | -0.353 |
| 23 | JS | 102.53 | 80.0 | 500 | 335.4 | 1.075 |
| 24 | LiBr-Su | 22.45 | 55 | 5.627 | -130 | 0.337 |
| 25 | LiBr-Su | 22.45 | 35.1 | 5.627 | -170 | 0.211 |
| 26 | LiBr-Su | 22.45 | 35.0 | 1.002 | -171 | 0.211 |
| 27 | LiBr-Su | 20.92 | 47.0 | 1.002 | -133 | 0.268 |
| 28 | LiBr-Su | 20.92 | 52.0 | 5.627 | -133 | 0.298 |
| 29 | LiBr-Su | 20.92 | 75.0 | 5.627 | -90 | 0.430 |
| 30 | B | 1.53 | 75.0 | 5.627 | 2640 | 8.591 |
| 31 | Su | 1.53 | 35.0 | 5.627 | 146.6 | 0.505 |
| 32 | Su | 1.53 | 7.0 | 1.002 | 146.6 | 0.525 |
| 33 | Su | 1.53 | 7.0 | 1.002 | 2513 | 8.973 |
| 34 | Su | 140 | 8.0 | 380 | 34.0 | 0.121 |
| 35 | Su | 140 | 14.0 | 430 | 59.2 | 0.210 |

Elektrik üretimi ve tek etkili absorbsiyonlu soğutma birleşik enerji sistemi için enerjetik ve ekserjetik performans değerleri hesaplanarak Tablo 2.5'de verilmektedir. Analizler ve hesaplamalar sonrasında Şekil 2.21'de görüldüğü biçimde sistem elemanları için en yüksek iyileştirilebilirlik potansiyeli absorbsiyonlu soğutma ünitesinde yer alan jeneratör (kaynatıcı) kısmında bulunmaktadır.

Tablo 2.5 Elektrik üretimi ve tek etkili absorbsiyonlu soğutma birleşik enerji sistem elemanlarının enerjetik ve ekserjetik performans değerleri

| | Sistem Bileşenleri | Isıl kayıplar (MW) | Ekserji Kayıpları (MW) | Enerji verimi (%) | Ekserji verimi (%) | *IP* (kW) |
|---|---|---|---|---|---|---|
| EÜ | Buharlaştırıcı | 0.287 | 1.035 | 98.75 | 83.41 | 172 |
| | Ön Isıtıcı-I | 0.093 | 0.140 | 96.96 | 54.97 | 63 |
| | Ön Isıtıcı-II | 0.317 | 0.754 | 97.17 | 67.84 | 242 |
| | Türbin | 0.616 | 0.082 | 90.60 | 98.60 | 2 |
| | Pompalar | 0.030 | 0.038 | 86.16 | 82.81 | 7 |
| | Ayırıcılar | 0.016 | 0.801 | 99.97 | 90.24 | 78 |
| | Yoğuşturucu | 27.121 | 0.725 | - | - | - |
| TEAS | Buharlaştırıcı | 0.075 | 0.0452 | 97.92 | 80.79 | 8 |
| | Kaynatıcı | 0.103 | 0.5467 | 97.76 | 27.01 | 399 |
| | Isı Eşanjörü | 0.149 | 0.0217 | 85.76 | 71.29 | 6 |
| | Yoğuşturucu | 3.796 | 0.1226 | - | - | - |
| | Kısılma | - | 0.1874 | - | - | - |
| | Absorber | 4.180 | - | - | - | - |
| | Reenjeksiyon | 23.459 | 1.981 | - | - | - |

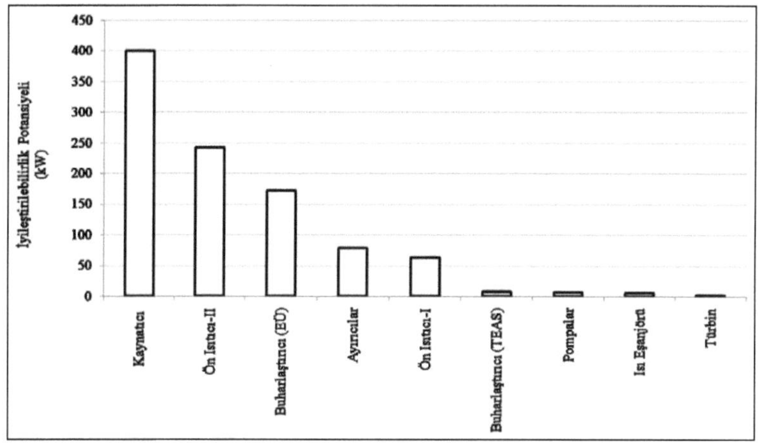


Şekil 2.21 Elektrik üretimi ve tek etkili absorbsiyonlu soğutma birleşik enerji sistem elemanları için iyileştirilebilirlik potansiyeli

Boyutsuz ekserji yıkım oranı ve sistem elemanları ekserji yıkım oranı dağılımı grafikleri (Şekil 2.22-23) incelendiğinde en yüksek enerji ve ekserji kaybının reenjeksiyon bölümünden kaynaklandığı görülmektedir.

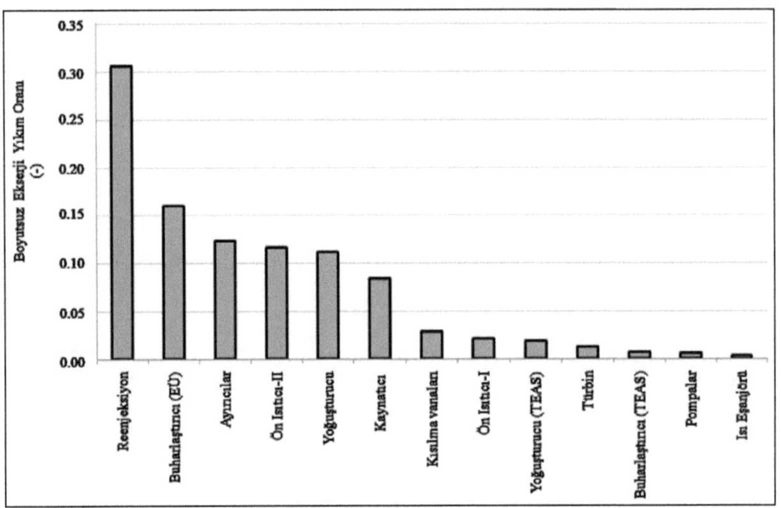


Şekil 2.22 Boyutsuz ekserji yıkım oranının elektrik üretimi ve tek etkili soğutma birleşik sistem elemanlarına bağlı dağılımı

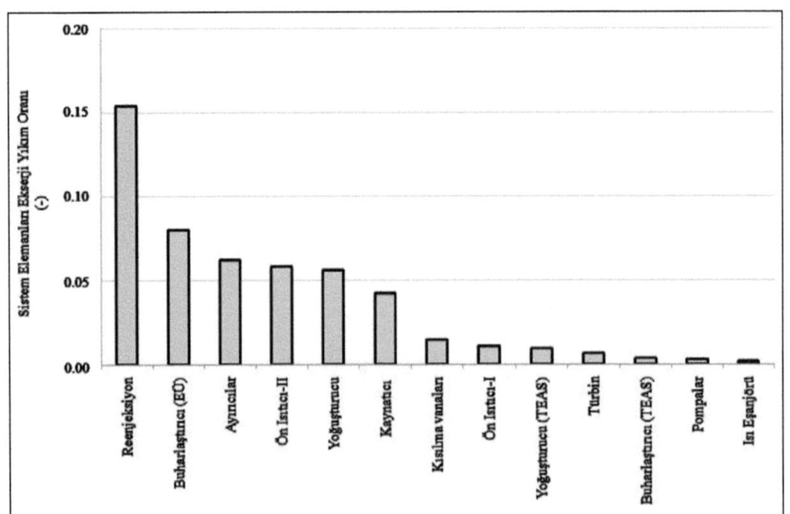


Şekil 2.23 Elektrik üretimi ve tek etkili soğutma birleşik sistem elemanlarındaki ekserji yıkım oranlarının dağılımı

İncelenen sistem için enerji ve ekserji akış grafiğikleri Şekil 2.24-25'de ayrıntılı bir biçimde ortaya konmaktadır. Kullanılan enerjinin ve ekserjinin enerji sistemlerine bağlı yüzdesel dağılımı Şekil 2.24-25'de grafiksel olarak ortaya konulmuştur. Bu sayede enerji ve ekserji dağılımı daha kolay bir biçimde karşılaştırılabilmektedir. Grafiklerden anlaşılacağı üzere kullanılan ekserjinin % 97 gibi büyük bir bölümü elektrik üretim bölümünde harcanmaktadır.

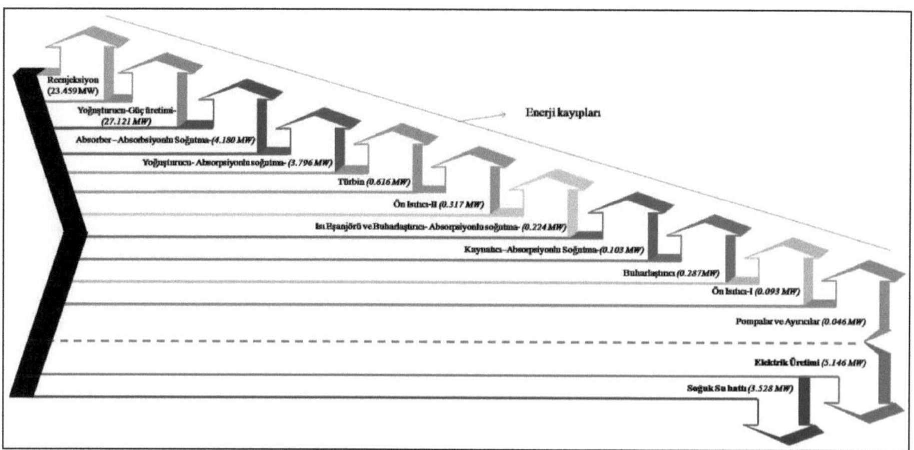


Şekil 2.24 Elektrik üretimi ve tek etkili soğutma birleşik sistem için enerji akış grafiği

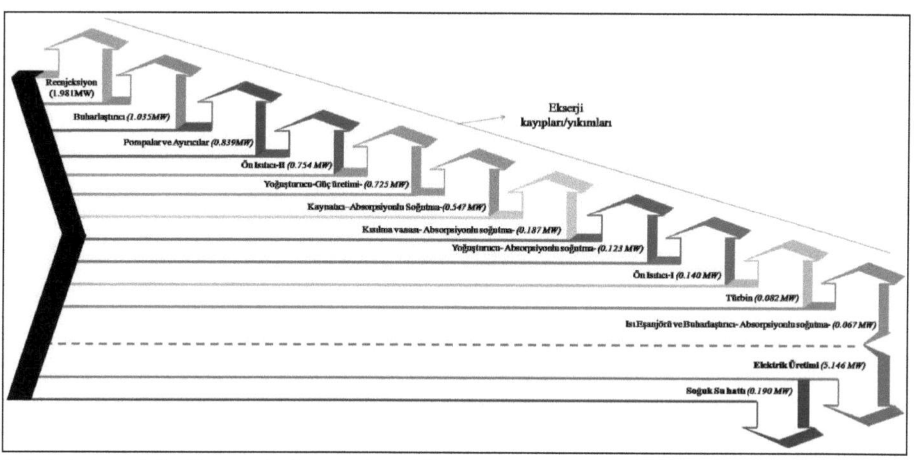


Şekil 2.25 Elektrik üretimi ve tek etkili soğutma birleşik sistem için ekserji akış grafiği

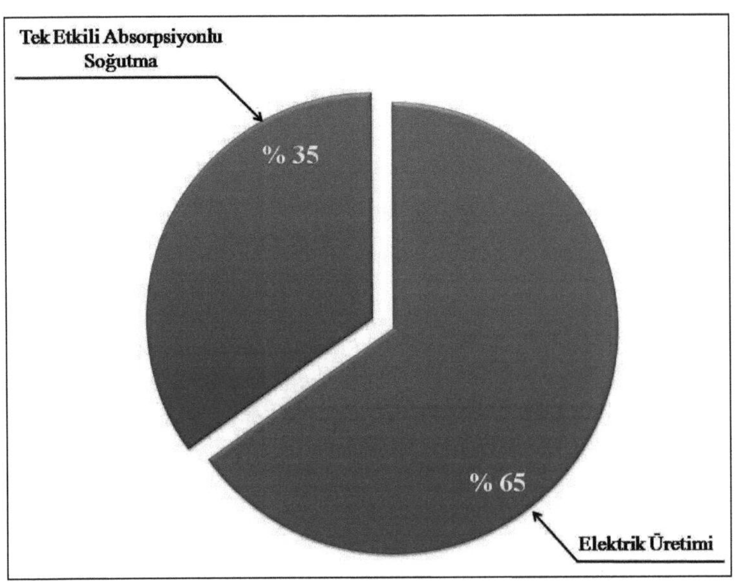


Şekil 2.26 Elektrik üretimi ve tek etkili absorbsiyonlu soğutma birleşik enerji sistemi için kullanılan enerjinin dağılımı

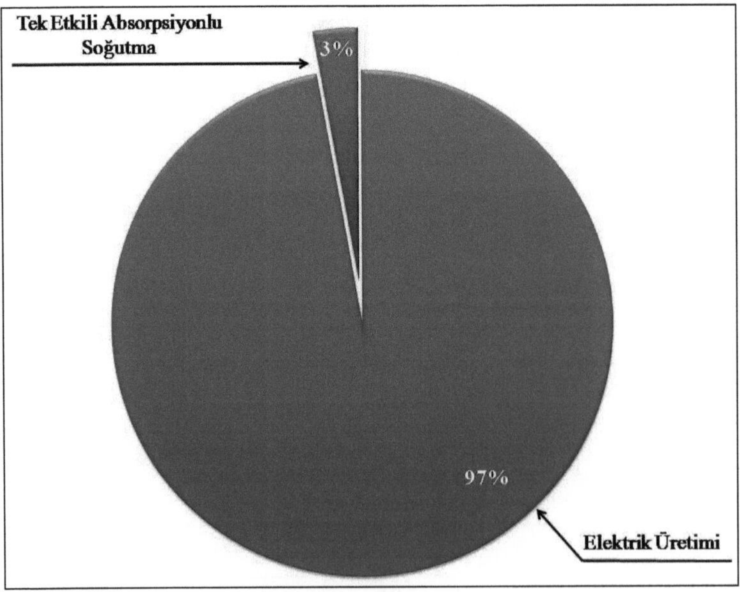


Şekil 2.27 Kullanılan ekserjinin elektrik üretimi ve tek etkili absorbsiyonlu soğutma birleşik enerji sistemi içindeki dağılımı

## 2.7 Elektrik Üretimi (EÜ), Tek Etkili Absorbsiyonlu Soğutma (TEAS) ve Sıcak Su Sağlama (SSS) Birleşik Enerji Sistemi Analizi

Elektrik üretim sistemine tek etkili absorbsiyonlu soğutma ve sıcak su sağlama sisteminin eklenmesiyle oluşan birleşik sistemin şematik gösterimi, Şekil 2.28'de verilmiştir. Birleşik sisteminin termodinamik özellikleri ve performans değerleri Tablo 2.6 ve Tablo 2.7'da verilmiştir.

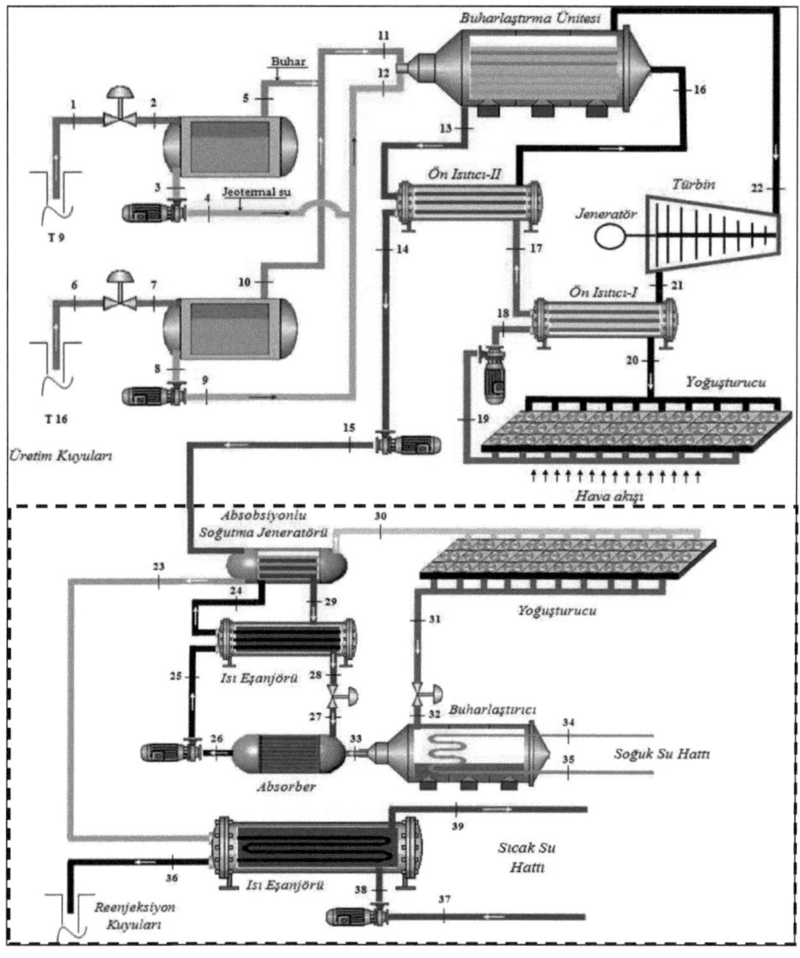


Şekil 2.28 İncelenen jeotermal güç üretim sistemine tek etkili absorbsiyonlu soğutma ve sıcak su eldesi ünitesinin eklenmesi ile oluşan şematik gösterimi

Tablo 2.6 Elektrik üretimi, tek etkili absorbsiyonlu soğutma ve sıcak su birleşik enerji sistem işletme ve termodinamik verileri

| Kesit No | Akışkan | Debi $\dot{m}$ (kg/s) | Sıcaklık $T$ (°C) | Basınç $P$ (kPa) | Entalpi $h$ (kJ/kg) | Entropi $s$ (kJ/kg°C) |
|---|---|---|---|---|---|---|
| 0 | Izopen. | - | 25.4 | 101 | -349.1 | -1.687 |
| 0 | Su | - | 25.4 | 101 | 106.6 | 0.373 |
| 0 | LiBr-Su | - | 25.4 | 101 | -190 | 0.1479 |
| 0 | LiBr-Su | - | 25.4 | 101 | -185 | 0.1371 |
| 1 | JS | 79.11 | 156.8 | 570 | 692.0 | 1.959 |
| 2 | JS+B | 79.11 | 142.8 | 391 | 691.8 | 1.986 |
| 3 | JS | 75.75 | 142.8 | 391 | 601.2 | 1.769 |
| 4 | JS | 75.75 | 142.9 | 772 | 601.9 | 1.769 |
| 5 | B | 3.36 | 142.8 | 391 | 2737 | 6.903 |
| 6 | JS | 23.42 | 164.2 | 687 | 794.0 | 2.214 |
| 7 | JS+B | 23.42 | 142.8 | 391 | 793.8 | 2.231 |
| 8 | JS | 21.31 | 142.8 | 391 | 601.2 | 1.769 |
| 9 | JS | 21.31 | 142.9 | 728 | 601.8 | 1.769 |
| 10 | B | 2.11 | 142.8 | 391 | 2737 | 6.903 |
| 11 | B | 5.47 | 141.5 | 377 | 2735.4 | 6.915 |
| 12 | JS | 97.06 | 142.6 | 550 | 600.4 | 1.766 |
| 13 | JS | 102.53 | 116.5 | 320 | 489.1 | 1.490 |
| 14 | JS | 102.53 | 90.6 | 240 | 379.7 | 1.200 |
| 15 | JS | 102.53 | 90.7 | 540 | 380.3 | 1.201 |
| 16 | Izopen. | 77.80 | 103.5 | 967 | -153.2 | -1.111 |
| 17 | Izopen. | 77.80 | 49.0 | 967 | -293.3 | -1.512 |
| 18 | Izopen. | 77.80 | 32.8 | 967 | -331.6 | -1.633 |
| 19 | Izopen. | 77.80 | 32.7 | 120 | -332.4 | -1.632 |
| 20 | Izopen. | 77.80 | 38.4 | 122 | 16.2 | -0.495 |
| 21 | Izopen. | 77.80 | 60.2 | 126 | 55.7 | -0.376 |
| 22 | Izopen. | 77.80 | 121.4 | 967 | 139.9 | -0.353 |
| 23 | JS | 102.53 | 80.0 | 500 | 335.4 | 1.075 |
| 24 | LiBr-Su | 22.45 | 55.0 | 5.627 | -130 | 0.337 |
| 25 | LiBr-Su | 22.45 | 35.1 | 5.627 | -170 | 0.211 |
| 26 | LiBr-Su | 22.45 | 35.0 | 1.002 | -171 | 0.211 |
| 27 | LiBr-Su | 20.92 | 47.0 | 1.002 | -133 | 0.268 |
| 28 | LiBr-Su | 20.92 | 52.0 | 5.627 | -133 | 0.298 |
| 29 | LiBr-Su | 20.92 | 75.0 | 5.627 | -90 | 0.430 |
| 30 | B | 1.53 | 75.0 | 5.627 | 2640 | 8.591 |
| 31 | Su | 1.53 | 35.0 | 5.627 | 146.6 | 0.505 |
| 32 | Su | 1.53 | 7.0 | 1.002 | 146.6 | 0.525 |
| 33 | Su | 1.53 | 7.0 | 1.002 | 2513 | 8.973 |
| 34 | Su | 140 | 8.0 | 380 | 34.0 | 0.121 |
| 35 | Su | 140 | 14.0 | 430 | 59.2 | 0.210 |
| 36 | JS | 102.53 | 50.0 | 400 | 209.8 | 0.704 |
| 37 | Su | 117.50 | 30.0 | 200 | 125.9 | 0.437 |
| 38 | Su | 117.50 | 30.1 | 500 | 126.6 | 0.438 |
| 39 | Su | 117.50 | 55.0 | 470 | 230.6 | 0.768 |

Tablo 2.7 Elektrik üretimi, tek etkili absorbsiyonlu soğutma ve sıcak su birleşik enerji sistem elemanlarının enerjetik ve ekserjetik performans değerleri

| | Sistem Bileşenleri | Isıl kayıplar (MW) | Ekserji Kayıpları (MW) | Enerji verimi (%) | Ekserji verimi (%) | *IP* (kW) |
|---|---|---|---|---|---|---|
| EÜ | Buharlaştırıcı | 0.287 | 1.035 | 98.75 | 83.41 | 172 |
| | Ön Isıtıcı-I | 0.093 | 0.140 | 96.96 | 54.97 | 63 |
| | Ön Isıtıcı-II | 0.317 | 0.754 | 97.17 | 67.84 | 242 |
| | Türbin | 0.616 | 0.082 | 90.60 | 98.60 | 2 |
| | Pompalar | 0.030 | 0.038 | 86.16 | 82.81 | 7 |
| | Ayırıcılar | 0.016 | 0.801 | 99.97 | 90.24 | 78 |
| | Yoğuşturucu | 27.121 | 0.725 | - | - | - |
| TEAS | Buharlaştırıcı | 0.075 | 0.0452 | 97.92 | 80.79 | 8 |
| | Kaynatıcı | 0.103 | 0.5467 | 97.76 | 27.01 | 399 |
| | Isı Eşanjörü | 0.149 | 0.0217 | 85.76 | 71.29 | 6 |
| | Yoğuşturucu | 3.796 | 0.1226 | - | - | - |
| | Kısılma | - | 0.1874 | - | - | - |
| | Absorber | 4.180 | - | - | - | - |
| SS | Isı Eşanjörü | 0.658 | 0.8773 | 94.90 | 42.54 | 504 |
| | Reenjeksiyon | 10.581 | 0.4542 | - | - | - |

Analizler ve hesaplamalar sonrasında sistem elemanları için en yüksek iyileştirilebilirlik potansiyelinin absorbsiyonlu soğutma ünitesinde yer alan jeneratör (kaynatıcı) kısmında gerçekleştiği görülmüştür (Şekil 2.29).

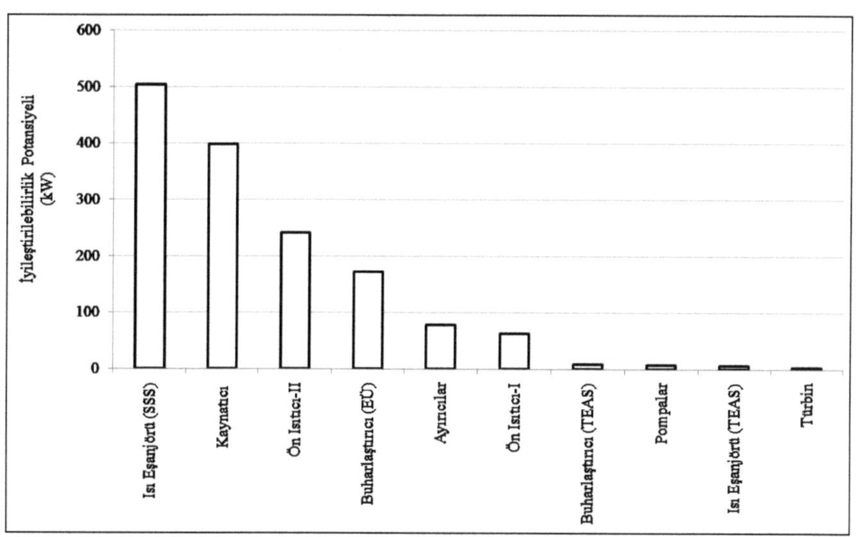


Şekil 2.29 Elektrik üretimi, tek etkili absorbsiyonlu soğutma ve sıcak su sağlama birleşik enerji sistem elemanlarının iyileştirilebilirlik potansiyeli

Boyutsuz ekserji yıkım oranı ve sistem elemanları ekserji yıkım oranı dağılımı grafikleri (Şekil 2.30-31) incelendiğinde en yüksek ekserji kaybının buharlaştırıcı bölümünden kaynaklandığı görülmektedir.

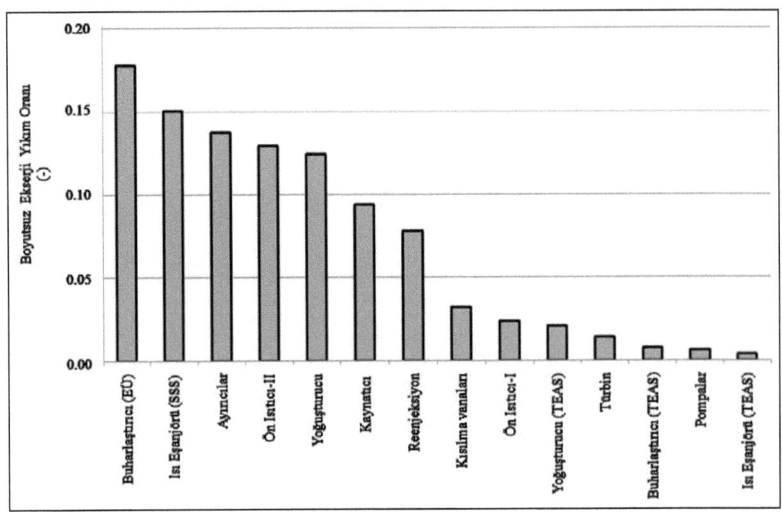


Şekil 2.30 Boyutsuz ekserji yıkım oranının elektrik üretimi, tek etkili soğutma ve sıcak su üretim birleşik sistemi elemanlarına bağlı dağılımı

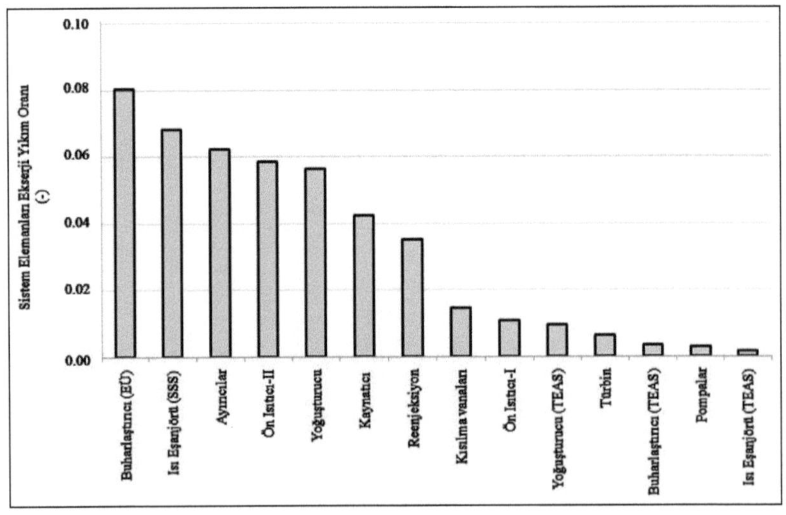


Şekil 2.31 Elektrik üretimi, tek etkili soğutma ve sıcak su üretim birleşik sistem elemanları ekserji yıkım oranlarının dağılımı

Kullanılan enerjinin ve ekserjinin enerji sistemlerine bağlı yüzdesel dağılımı Şekil 2.32-33'de verilmektedir. Grafiklerden de kolayca belirlenebileceği üzere elektrik üretimi toplam kullanılan enerji içinde % 27'lik küçük bir paya sahipken ekserji kullanımında % 78'lük bir paya sahip olmaktadır.

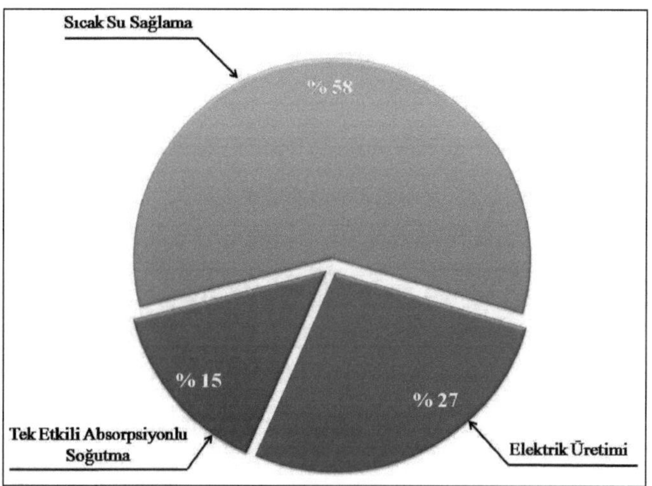


Şekil 2.32 Elektrik üretimi, tek etkili soğutma ve sıcak su sağlama birleşik sistemi için enerji dağılımı

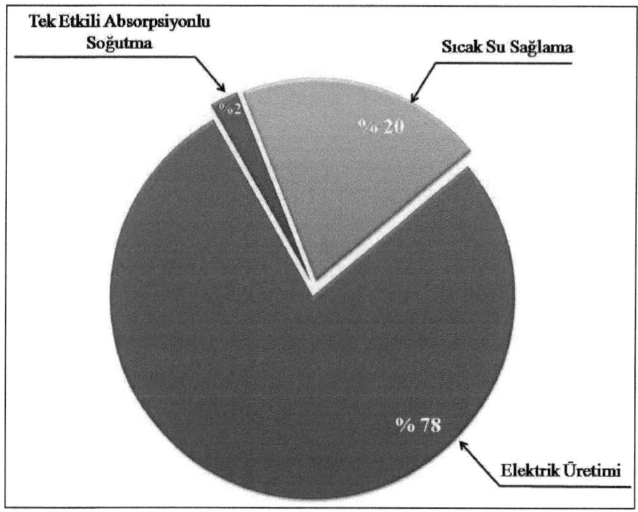


Şekil 2.33 Kullanılan ekserjinin elektrik üretimi ve çift etkili absorbsiyonlu soğutma birleşik enerji sistemi içindeki dağılımı

## 2.8 Elektrik Üretimi (EÜ) ve Sıcak Su Sağlama (SSS) Birleşik Enerji Sistemi Analizi

Elektrik üretim sistemine sıcak su sağlama sisteminin eklenmesiyle oluşan birleşik sistemin şematik gösterimi, termodinamik özellikleri ve performans değerleri sırasıyla Şekil 2.34, Tablo 2.8 ve Tablo 2.9'de verilmiştir. Analizler ve hesaplamalar sonrasında Şekil 6.20'de görüldüğü biçimde sistem elemanları için en yüksek iyileştirilebilirlik potansiyeli ısı eşanjöründe bulunmaktadır.

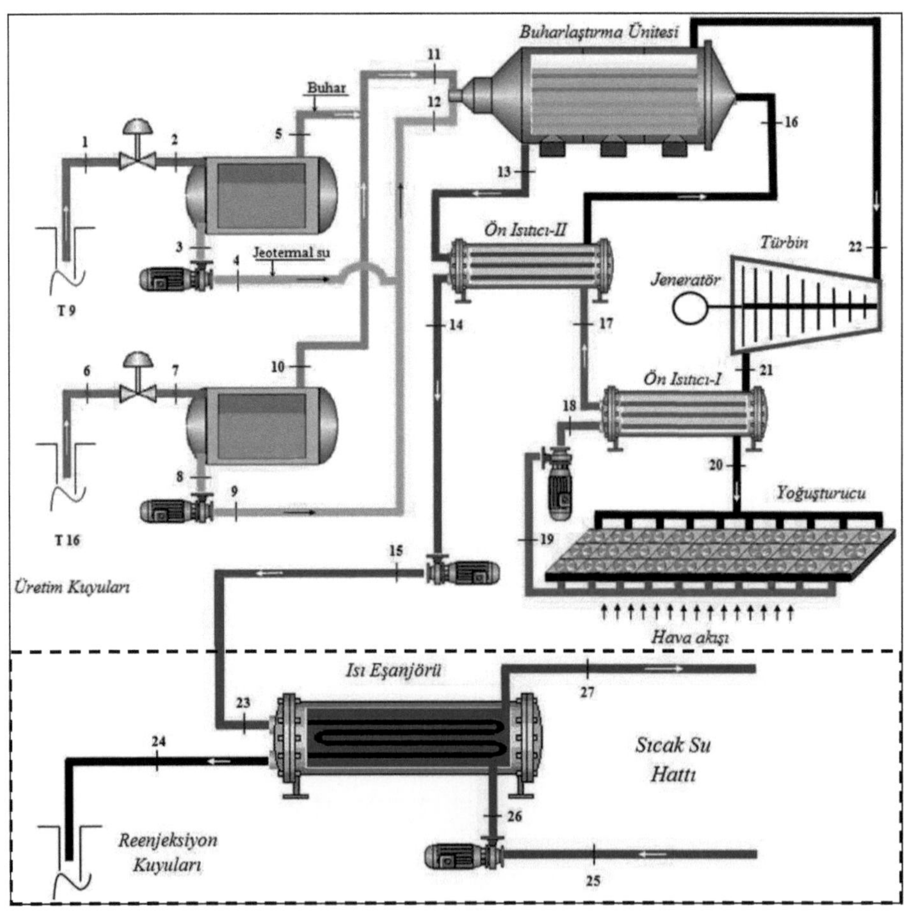


Şekil 2.34 Örnek jeotermal güç üretim sistemine sıcak su eldesi ünitesinin eklenmesi ile oluşan şematik gösterim

Tablo 2.8 Elektrik üretimi ve sıcak su sağlama birleşik enerji sistemi için örnek bir gün işletme ve termodinamik verileri

| Kesit No | Akışkan | Debi $\dot{m}$ (kg/s) | Sıcaklık $T$ (°C) | Basınç $P$ (kPa) | Entalpi $h$ (kJ/kg) | Entropi $s$ (kJ/kg°C) |
|---|---|---|---|---|---|---|
| 0 | Izopen. | - | 25.4 | 101 | -349.1 | -1.687 |
| 0 | Su | - | 25.4 | 101 | 106.6 | 0.373 |
| 1 | JS. | 79.11 | 156.8 | 570 | 692.0 | 1.959 |
| 2 | JS.+B. | 79.11 | 142.8 | 391 | 691.8 | 1.986 |
| 3 | JS. | 75.75 | 142.8 | 391 | 601.2 | 1.769 |
| 4 | JS. | 75.75 | 142.9 | 772 | 601.9 | 1.769 |
| 5 | B. | 3.36 | 142.8 | 391 | 2737 | 6.903 |
| 6 | JS. | 23.42 | 164.2 | 687 | 794.0 | 2.214 |
| 7 | JS.+B. | 23.42 | 142.8 | 391 | 793.8 | 2.231 |
| 8 | JS. | 21.31 | 142.8 | 391 | 601.2 | 1.769 |
| 9 | JS. | 21.31 | 142.9 | 728 | 601.8 | 1.769 |
| 10 | B. | 2.11 | 142.8 | 391 | 2737 | 6.903 |
| 11 | B. | 5.47 | 141.5 | 377 | 2735.4 | 6.915 |
| 12 | JS. | 97.06 | 142.6 | 550 | 600.4 | 1.766 |
| 13 | JS. | 102.53 | 116.5 | 320 | 489.1 | 1.490 |
| 14 | JS. | 102.53 | 90.6 | 240 | 379.7 | 1.200 |
| 15 | JS. | 102.53 | 90.7 | 540 | 380.3 | 1.201 |
| 16 | Izopen. | 77.80 | 103.5 | 967 | -153.2 | -1.111 |
| 17 | Izopen. | 77.80 | 49.0 | 967 | -293.3 | -1.512 |
| 18 | Izopen. | 77.80 | 32.8 | 967 | -331.6 | -1.633 |
| 19 | Izopen. | 77.80 | 32.7 | 120 | -332.4 | -1.632 |
| 20 | Izopen. | 77.80 | 38.4 | 122 | 16.2 | -0.495 |
| 21 | Izopen. | 77.80 | 60.2 | 126 | 55.7 | -0.376 |
| 22 | Izopen. | 77.80 | 121.4 | 967 | 139.9 | -0.353 |
| 23 | Jeo. Su | 102.53 | 90.7 | 540 | 380.3 | 1.201 |
| 24 | Jeo. Su | 102.53 | 50.0 | 500 | 209.8 | 0.704 |
| 25 | Su | 159.70 | 30.0 | 200 | 125.9 | 0.437 |
| 26 | Su | 159.70 | 30.1 | 500 | 126.6 | 0.438 |
| 27 | Su | 159.70 | 55.0 | 470 | 230.6 | 0.768 |

Boyutsuz ekserji yıkım oranı ve sistem elemanları ekserji yıkım oranı dağılımı grafikleri (Şekil 2.36 ve 2.37) incelendiğinde en yüksek ekserji kaybının ısı eşanjörü ünitesinde olduğu görülmektedir. Kullanılan enerjinin ve ekserjinin elektrik üretimi ve sıcak su sağlama birleşik enerji sistemi içindeki dağılımı Şekil 2.38 ve 2.39'de grafiksel olarak gösterilmiştir. Bu grafiklerden enerjinin ve ekserjinin elektrik üretimi ve sıcak su sağlama birleşik enerji sistemi içindeki dağılımı daha kolay bir biçimde karşılaştırılabilir.

Tablo 2.9 Elektrik üretimi ve sıcak su birleşik enerji sistem elemanlarının enerjetik ve ekserjetik performans değerleri

| Sistem Bileşenleri | Isıl kayıplar (MW) | Ekserji Kayıpları (MW) | Enerji verimi (%) | Ekserji verimi (%) | *IP* (MW) |
|---|---|---|---|---|---|
| Buharlaştırıcı | 0.287 | 1.035 | 98.75 | 83.41 | 172 |
| Ön Isıtıcı-I | 0.093 | 0.140 | 96.96 | 54.97 | 63 |
| Ön Isıtıcı-II | 0.317 | 0.754 | 97.17 | 67.84 | 242 |
| Türbin | 0.616 | 0.082 | 90.60 | 98.60 | 2 |
| Yoğuşturucu | 27.121 | 0.725 | - | - | - |
| Pompalar | 0.030 | 0.038 | 86.16 | 82.81 | 7 |
| Ayırıcılar | 0.016 | 0.801 | 99.97 | 90.24 | 78 |
| Reenjeksiyon | 10.581 | 0.454 | - | - | - |
| Isı eşanjörü | 0.872 | 1.3934 | 95.00 | 38.77 | 853 |

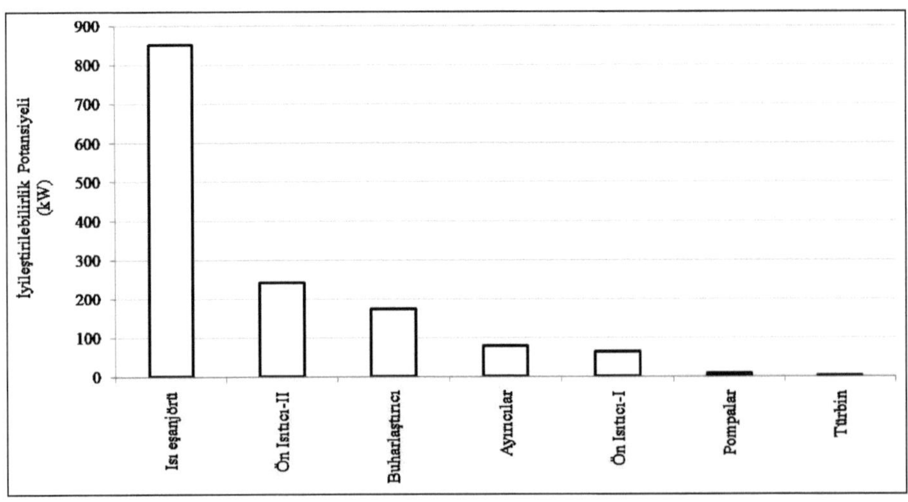


Şekil 2.35 Elektrik üretimi, tek etkili absorbsiyonlu soğutma ve sıcak su sağlama birleşik enerji sistem elemanlarının iyileştirilebilirlik potansiyeli

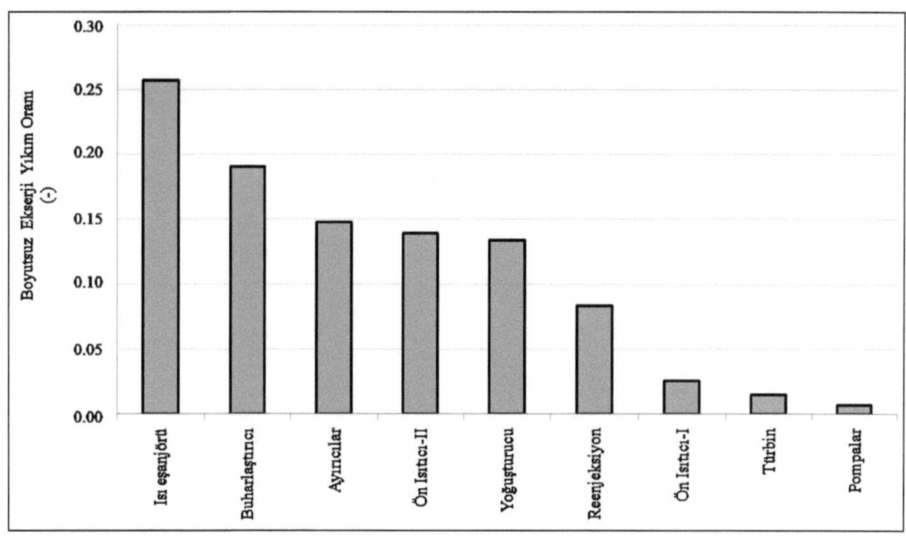


Şekil 2.36 Boyutsuz ekserji yıkım oranının elektrik üretimi, tek etkili soğutma ve sıcak su üretim birleşik sistemi elemanlarına bağlı dağılımı

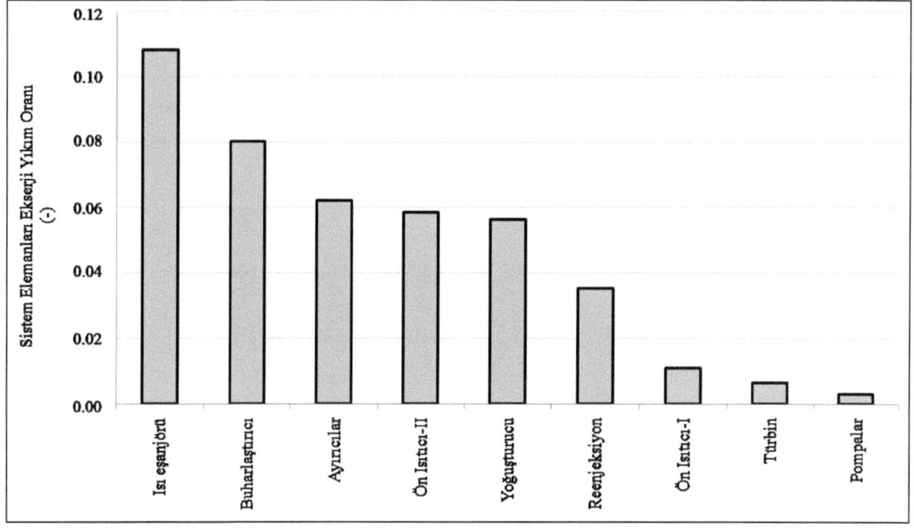


Şekil 2.37 Elektrik üretimi, tek etkili soğutma ve sıcak su üretim birleşik sistem elemanlarının ekserji yıkım oranlarının dağılımı

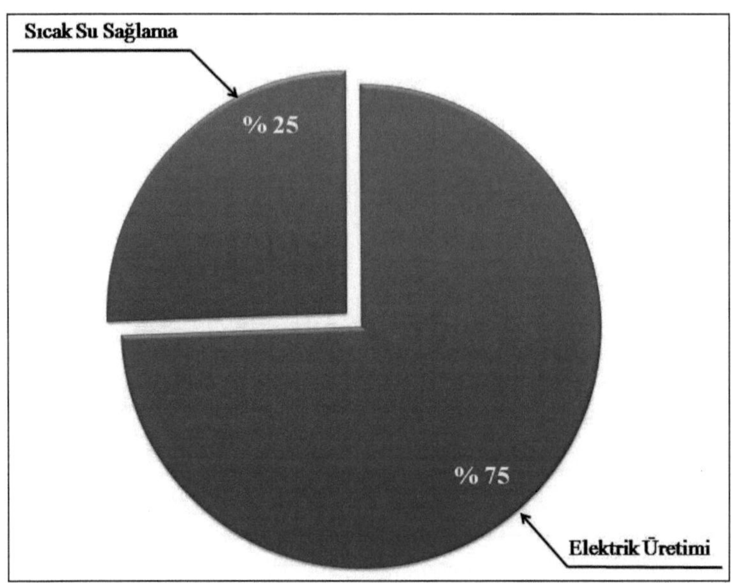


Şekil 2.38 Elektrik üretimi ve sıcak su sağlama birleşik enerji sistemleri için kullanılan enerjinin dağılımı

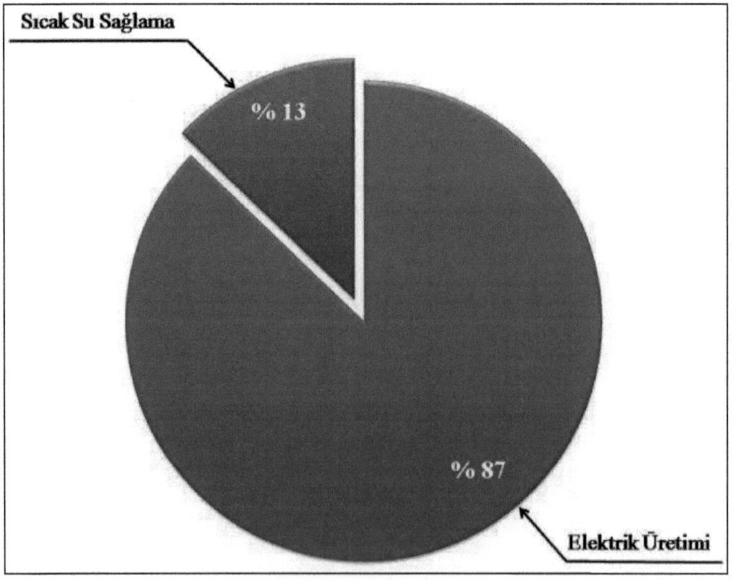


Şekil 2.39 Elektrik üretimi ve sıcak su sağlama enerji sistemi için ekserji kullanımının dağılımı

## 2.9 Elektrik Üretimi (EÜ) ve Isıtma-Sıcak Su Sağlama (ISSS) Birleşik Enerji Sistemi Analizi

Elektrik üretim sistemine ısıtma-sıcak su sağlama sisteminin eklenmesiyle oluşan birleşik sisteminin şematik gösterimi, termodinamik özellikleri ve performans değerleri sırasıyla Şekil 2.40, Tablo 2.10 ve 2.11'de verilmiştir. Analizler ve hesaplamalar sonrasında, sistem elemanları içinde en yüksek iyileştirilebilirlik potansiyelinin ısı eşanjörünün sahip olduğu görülmüştür (Şekil 2.41).

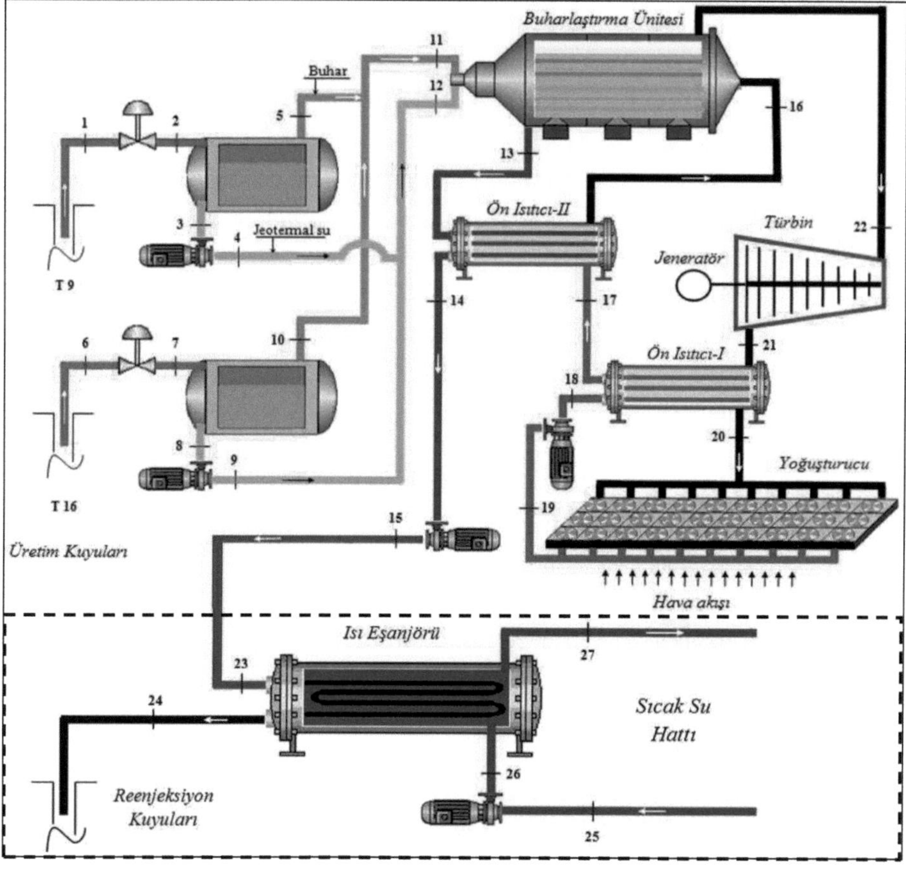


Şekil 2.40 Elektrik üretimi sistemine ısıtma-sıcak su eldesi ünitesinin eklenmesi ile oluşan şematik gösterim

Tablo 2.10 Elektrik üretimi ve ısıtma-sıcak su birleşik enerji sistem işletme ve termodinamik verileri

| Kesit No | Akışkan | Debi $\dot{m}$ (kg/s) | Sıcaklık $T$ (°C) | Basınç $P$ (kPa) | Entalpi $h$ (kJ/kg) | Entropi $s$ (kJ/kg°C) |
|---|---|---|---|---|---|---|
| 0 | Izopen. | - | 9.8 | 101 | -378.6 | -1.780 |
| 0 | Su | - | 9.8 | 101 | 41.1 | 0.144 |
| 1 | JS. | 79.90 | 156.8 | 570 | 692.0 | 1.959 |
| 2 | JS.+B. | 79.90 | 142.8 | 391 | 691.8 | 1.986 |
| 3 | JS. | 76.51 | 142.8 | 391 | 601.2 | 1.769 |
| 4 | JS. | 76.51 | 142.9 | 772 | 601.9 | 1.769 |
| 5 | B. | 3.39 | 142.8 | 391 | 2737.0 | 6.903 |
| 6 | JS. | 23.65 | 164.2 | 687 | 794.0 | 2.214 |
| 7 | JS.+B. | 23.65 | 142.8 | 391 | 793.8 | 2.231 |
| 8 | JS. | 21.52 | 142.8 | 391 | 601.2 | 1.769 |
| 9 | JS. | 21.52 | 142.9 | 728 | 601.8 | 1.769 |
| 10 | B. | 2.13 | 142.8 | 391 | 2737.0 | 6.903 |
| 11 | B. | 5.52 | 141.5 | 377 | 2735.4 | 6.915 |
| 12 | JS. | 98.03 | 142.6 | 550 | 600.4 | 1.766 |
| 13 | JS. | 103.56 | 104.4 | 320 | 438.5 | 1.383 |
| 14 | JS. | 103.56 | 72.0 | 240 | 302.4 | 0.954 |
| 15 | JS. | 103.56 | 72.1 | 540 | 302.8 | 0.955 |
| 16 | Izopen. | 77.80 | 84.0 | 967 | -201.1 | -1.247 |
| 17 | Izopen. | 77.80 | 40.4 | 967 | -307.1 | -1.555 |
| 18 | Izopen. | 77.80 | 20.1 | 967 | -354.7 | -1.704 |
| 19 | Izopen. | 77.80 | 20.0 | 120 | -354.8 | -1.705 |
| 20 | Izopen. | 77.80 | 30.0 | 122 | 5.9 | -0.526 |
| 21 | Izopen. | 77.80 | 57.5 | 126 | 55.7 | -0.376 |
| 22 | Izopen. | 77.80 | 135.0 | 967 | 157.9 | -0.347 |
| 23 | JS. | 103.56 | 72.1 | 540 | 302.8 | 0.955 |
| 24 | JS. | 103.56 | 50.0 | 300 | 209.4 | 0.700 |
| 25 | Su | 91.00 | 40.0 | 200 | 167.7 | 0.572 |
| 26 | Su | 91.00 | 40.1 | 500 | 168.4 | 0.574 |
| 27 | Su | 91.00 | 65.0 | 470 | 272.5 | 0.893 |

Tablo 2.11 Elektrik üretimi ve ısıtma-sıcak su birleşik enerji sistem elemanlarının enerjetik ve ekserjetik performans değerleri

| Sistem Bileşenleri | Isıl kayıplar (MW) | Ekserji Kayıpları (MW) | Enerji verimi (%) | Ekserji verimi (%) | *IP* (kW) |
|---|---|---|---|---|---|
| Buharlaştırıcı | 0.631 | 1.171 | 97.79 | 87.41 | 147 |
| Ön Isıtıcı-I | 0.171 | 0.149 | 95.58 | 74.02 | 39 |
| Ön Isıtıcı-II | 5.847 | 0.060 | 58.51 | 96.07 | 3 |
| Türbin | 0.795 | 0.157 | 90.00 | 97.85 | 4 |
| Pompalar | 0.030 | 0.038 | 86.16 | 82.81 | 7 |
| Ayırıcılar | 0.016 | 0.767 | 99.97 | 94.87 | 39 |
| Isı eşanjörü | 0.197 | 0.940 | 97.96 | 57.35 | 401 |
| Reenjeksiyon | 17.429 | 1.146 | - | - | - |
| Yoğuşturucu | 28.062 | 2.122 | - | - | - |

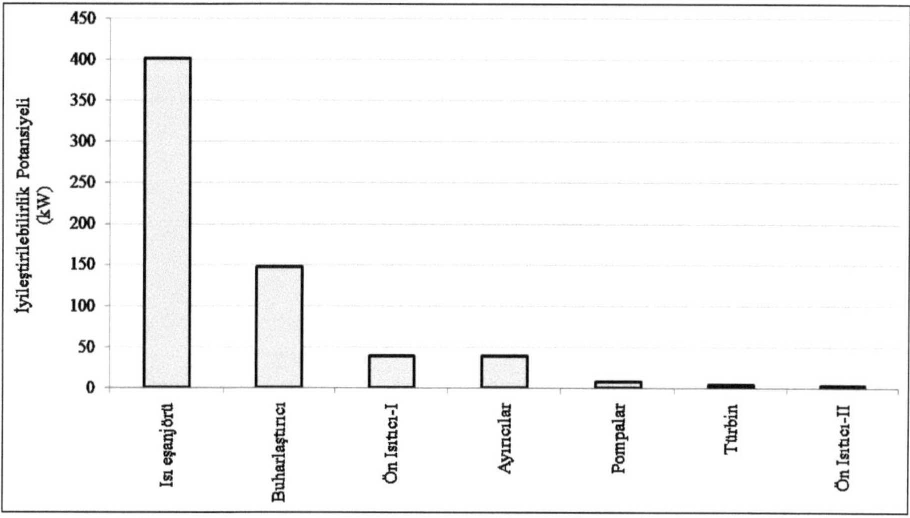


Şekil 2.41 Elektrik üretimi ve ısıtma-sıcak su sağlama birleşik enerji sistem elemanlarının iyileştirilebilirlik potansiyeli

İncelenen sistem için enerji ve ekserji akış grafiğikleri Şekil 2.42-43'de ayrıntılı bir biçimde ortaya konmaktadır. Boyutsuz ekserji yıkım oranı ve sistem elemanları ekserji yıkım oranı dağılımı grafikleri (Şekil 2.44 ve 2.45) incelendiğinde en yüksek ekserji kaybının yoğuşturucu (kondenser) ünitesinde olduğu görülmektedir.

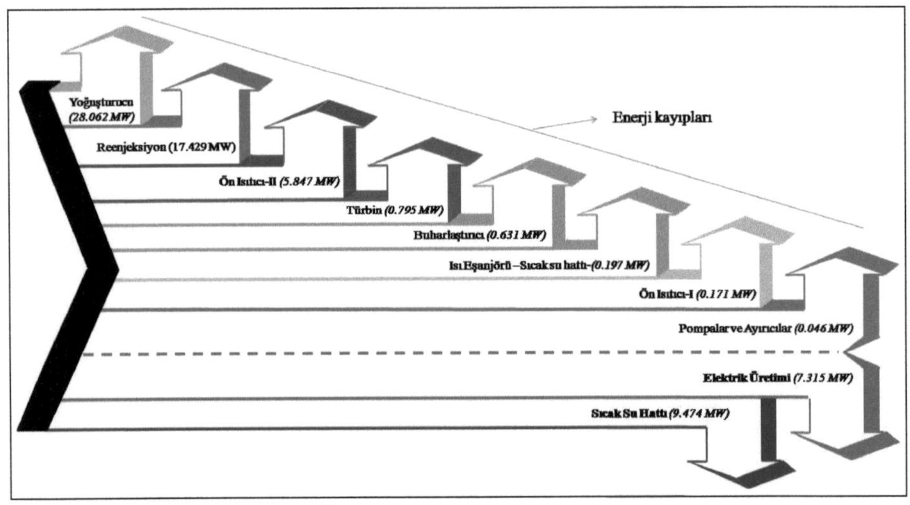


Şekil 2.42 Elektrik üretimi (EÜ) ve ısıtma-sıcak su sağlama (ISSS) birleşik enerji sistemi için enerji akış grafiği

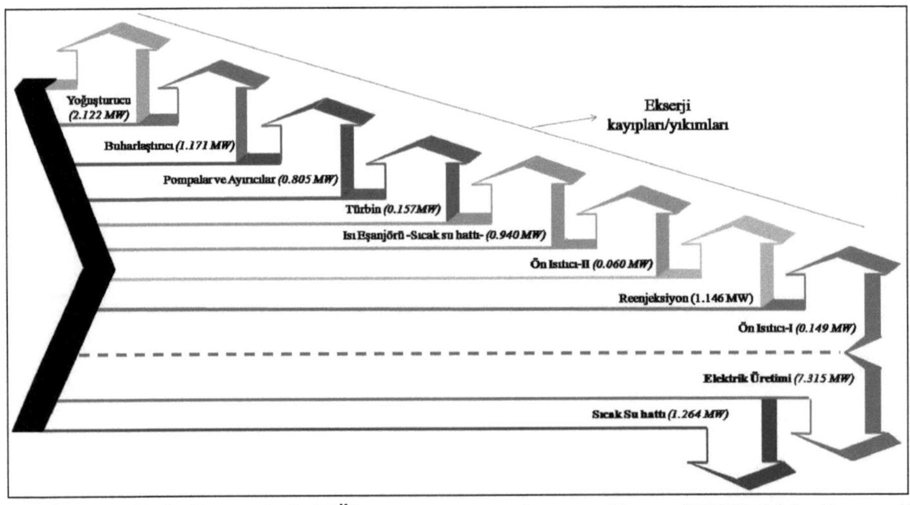


Şekil 2.43 Elektrik üretimi (EÜ) ve ısıtma-sıcak su sağlama (ISSS) birleşik enerji sistemi için ekserji akış grafiği

Kullanılan enerjinin ve ekserjinin elektrik üretimi ve ısıtma-sıcak su sağlama birleşik enerji sistemi içindeki dağılımı Şekil 2.46 ve 2.47'de grafiksel olarak gösterilmiştir. Bu grafiklerden enerjinin ve ekserjinin elektrik üretimi ve ısıtma-sıcak su sağlama birleşik enerji sistemi içindeki dağılımı daha kolay bir biçimde karşılaştırılabilir. Grafiklerden de kolayca görülebileceği üzere elektrik üretimi enerji kullnmında % 44'lük bir paya sahipken ekserji kullanımında % 85'lik bir paya sahip olmaktadır.

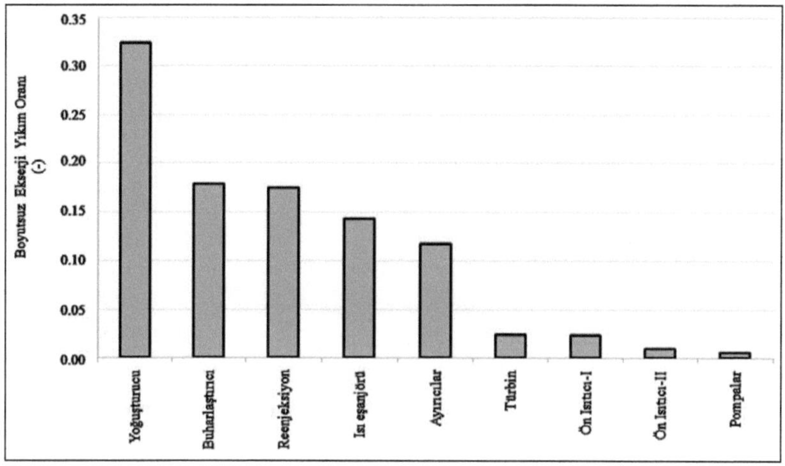


Şekil 2.44 Boyutsuz ekserji yıkım oranının elektrik üretimi ve sıcak su sağlama birleşik sistemi elemanlarına bağlı dağılımı

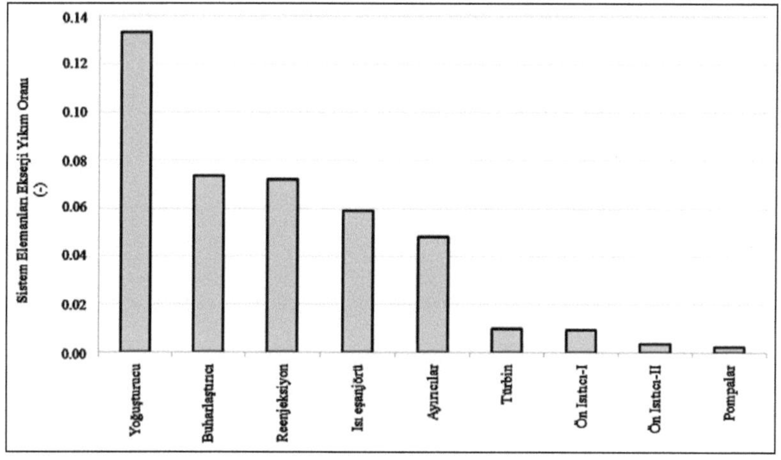


Şekil 2.45 Elektrik üretimi ve ısıtma-sıcak su sağlama birleşik sistemi elemanları ekserji yıkım oranlarının dağılımı

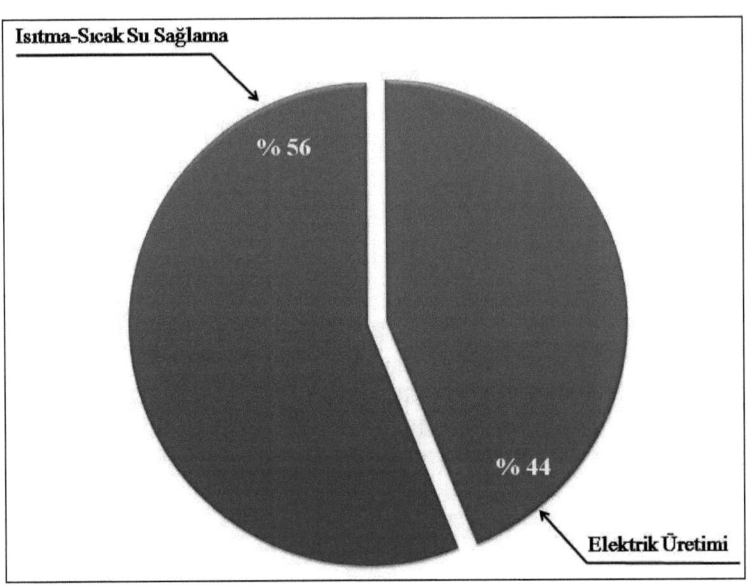


Şekil 2.46 Enerjinin elektrik üretimi ve ısıtma-sıcak su sağlama birleşik sistemi içinde dağılımı

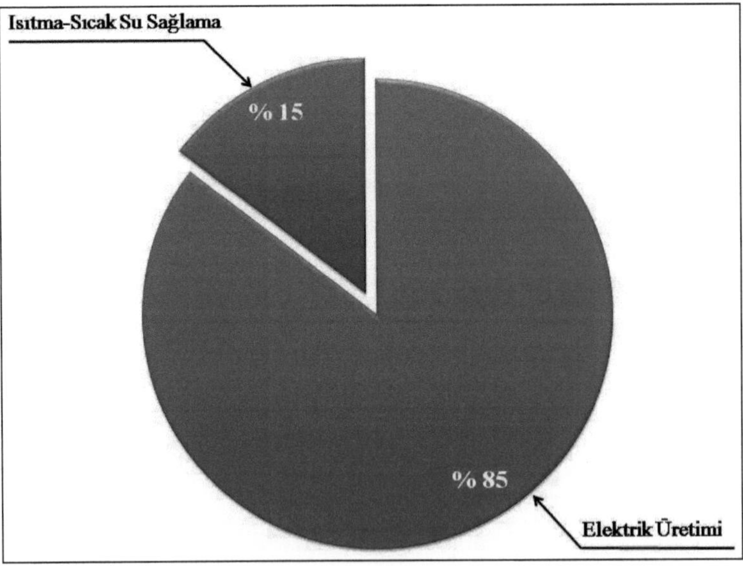


Şekil 2.47 Kullanılan ekserjinin elektrik üretimi ve ısıtma-sıcak su sağlama birleşik sistemi içindeki dağılımı

## 2.10 Elektrik Üretimi (EÜ), Isıtma-Sıcak Su Sağlama (ISSS) ve Sera Isıtması (SI) Birleşik Enerji Sistemi Analizi

Elektrik üretim sistemine, ısıtma-sıcak su sağlama ve sera ısıtma sisteminin eklenmesiyle oluşan birleşik sistemin şematik gösterimi, termodinamik özellikleri ve performans değerleri sırasıyla Şekil 2.48, Tablo 2.12 ve Tablo 2.13'de verilmiştir.

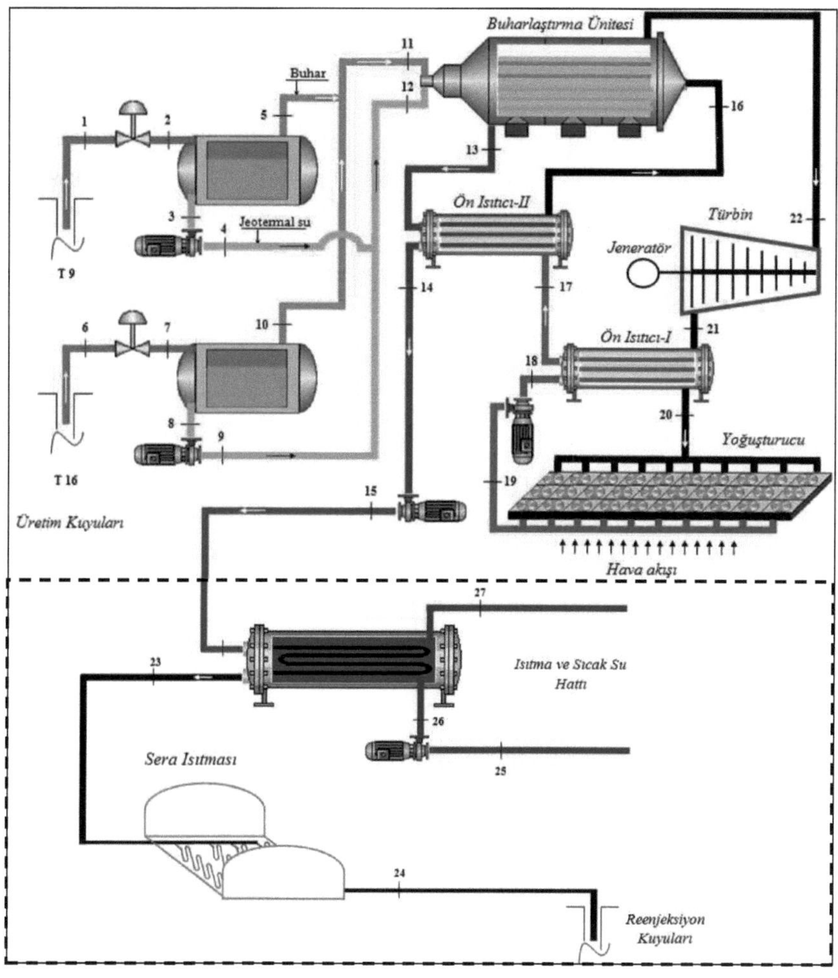


Şekil 2.48 Sisteme ısıtma-sıcak su eldesi ve sera ısıtma ünitesinin eklenmesi ile oluşan şematik gösterim

Tablo 2.12 Elektrik üretimi ve ısıtma-sıcak su birleşik enerji sistem işletme ve termodinamik verileri

| Kesit No | Akışkan | Debi $\dot{m}$ (kg/s) | Sıcaklık $T$ (°C) | Basınç $P$ (kPa) | Entalpi $h$ (kJ/kg) | Entropi $s$ (kJ/kg°C) |
|---|---|---|---|---|---|---|
| 0 | Izopentan | - | 9.8 | 101 | -378.6 | -1.780 |
| 0 | Su | - | 9.8 | 101 | 41.1 | 0.144 |
| 1 | JS. | 79.90 | 156.8 | 570 | 692.0 | 1.959 |
| 2 | JS.+B. | 79.90 | 142.8 | 391 | 691.8 | 1.986 |
| 3 | JS. | 76.51 | 142.8 | 391 | 601.2 | 1.769 |
| 4 | JS. | 76.51 | 142.9 | 772 | 601.9 | 1.769 |
| 5 | B. | 3.39 | 142.8 | 391 | 2737.0 | 6.903 |
| 6 | JS. | 23.65 | 164.2 | 687 | 794.0 | 2.214 |
| 7 | JS.+B. | 23.65 | 142.8 | 391 | 793.8 | 2.231 |
| 8 | JS. | 21.52 | 142.8 | 391 | 601.2 | 1.769 |
| 9 | JS. | 21.52 | 142.9 | 728 | 601.8 | 1.769 |
| 10 | B. | 2.13 | 142.8 | 391 | 2737.0 | 6.903 |
| 11 | B. | 5.52 | 141.5 | 377 | 2735.4 | 6.915 |
| 12 | JS. | 98.03 | 142.6 | 550 | 600.4 | 1.766 |
| 13 | JS. | 103.56 | 104.4 | 320 | 438.5 | 1.383 |
| 14 | JS. | 103.56 | 72.0 | 240 | 302.4 | 0.954 |
| 15 | JS. | 103.56 | 72.1 | 540 | 302.8 | 0.955 |
| 16 | Izopen. | 77.80 | 84.0 | 967 | -201.1 | -1.247 |
| 17 | Izopen. | 77.80 | 40.4 | 967 | -307.1 | -1.555 |
| 18 | Izopen. | 77.80 | 20.1 | 967 | -354.7 | -1.704 |
| 19 | Izopen. | 77.80 | 20.0 | 120 | -354.8 | -1.705 |
| 20 | Izopen. | 77.80 | 30.0 | 122 | 5.9 | -0.526 |
| 21 | Izopen. | 77.80 | 57.5 | 126 | 55.7 | -0.376 |
| 22 | Izopen. | 77.80 | 135.0 | 967 | 157.9 | -0.347 |
| 23 | JS. | 103.56 | 50.0 | 300 | 209.4 | 0.700 |
| 24 | JS. | 103.56 | 25.0 | 120 | 104.5 | 0.358 |
| 25 | Su | 91.00 | 40.0 | 200 | 167.7 | 0.572 |
| 26 | Su | 91.00 | 40.1 | 500 | 168.4 | 0.574 |
| 27 | Su | 91.00 | 65.0 | 470 | 272.5 | 0.893 |

Analizler ve hesaplamalar sonrasında sistem elemanları içinde en yüksek iyileştirilebilirlik potansiyelinin ısı eşanjöründe olduğu görülmüştür (Tablo 2.13). Boyutsuz ekserji yıkım oranı ve sistem elemanları ekserji yıkım oranı dağılımı grafikleri (Şekil 2.50 ve 2.51) incelendiğinde en yüksek ekserji kaybının yoğuşturucu (kondenser) ünitesinde olduğu görülmektedir. Kullanılan enerjinin ve ekserjinin elektrik üretimi, ısıtma-sıcak su sağlama ve sera ısıtma birleşik sistemi içindeki dağılımı Şekil 2.52 ve 2.53'de grafiksel olarak gösterilmiştir. Bu grafiklerden enerjinin ve ekserjinin elektrik üretimi ve ısıtma-sıcak su sağlama birleşik enerji sistemi içindeki dağılımı daha kolay bir biçimde karşılaştırılabilir. Grafiklerden de kolayca görülebileceği üzere yararlı ekserjinin kullanımı açısından en yüksek paya % 78 ile elektrik üretim ünitesinde ulaşılmaktadır.

Tablo 2.13 Elektrik üretimi ve sıcak su birleşik enerji sistem elemanlarının enerjetik ve ekserjetik performans değerleri

| Sistem Bileşenleri | Isıl kayıplar (MW) | Ekserji Kayıpları (MW) | Enerji verimi (%) | Ekserji verimi (%) | *IP* (kW) |
|---|---|---|---|---|---|
| Buharlaştırıcı | 0.631 | 1.171 | 97.79 | 87.41 | 147 |
| Ön Isıtıcı-I | 0.171 | 0.149 | 95.58 | 74.02 | 39 |
| Ön Isıtıcı-II | 5.847 | 0.060 | 58.51 | 96.07 | 3 |
| Türbin | 0.795 | 0.157 | 90.00 | 97.85 | 4 |
| Pompalar | 0.030 | 0.038 | 86.16 | 82.81 | 7 |
| Ayırıcılar | 0.016 | 0.767 | 99.97 | 94.87 | 39 |
| Isı eşanjörü | 0.197 | 0.940 | 97.96 | 57.35 | 401 |
| Reenjeksiyon | 5.769 | 0.293 | - | - | - |
| Yoğuşturucu | 28.062 | 2.122 | - | - | - |

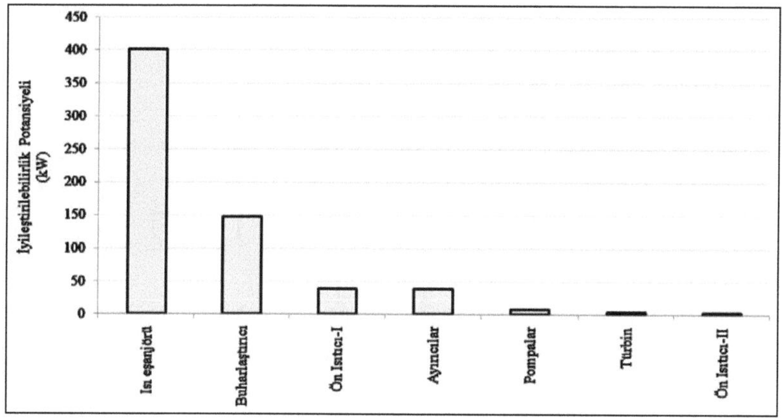


Şekil 2.49 Elektrik üretimi, ısıtma-sıcak su sağlama ve sera ısıtma birleşik enerji sistem elemanlarının iyileştirilebilirlik potansiyeli

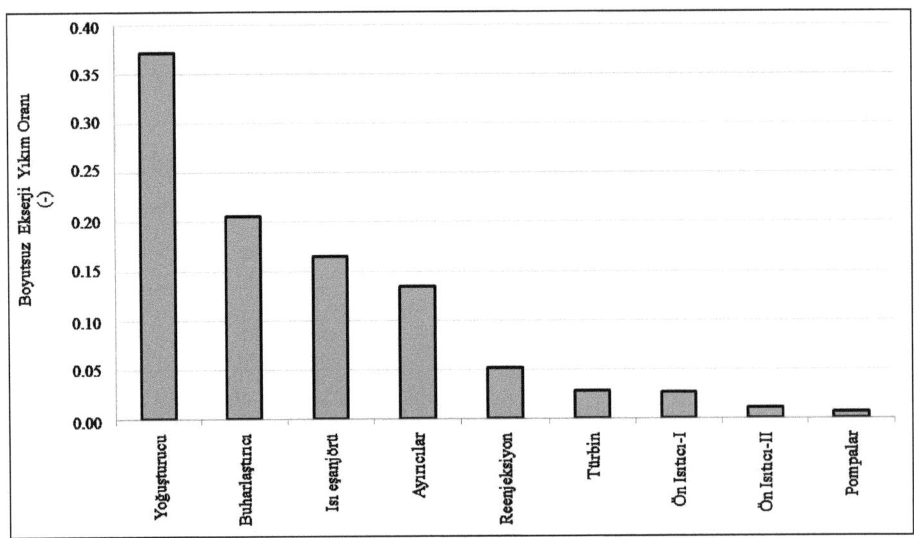


Şekil 2.50 Boyutsuz ekserji yıkım oranının elektrik üretimi, ısıtma-sıcak su sağlama ve sera ısıtma birleşik sistemi elemanlarına bağlı dağılımı

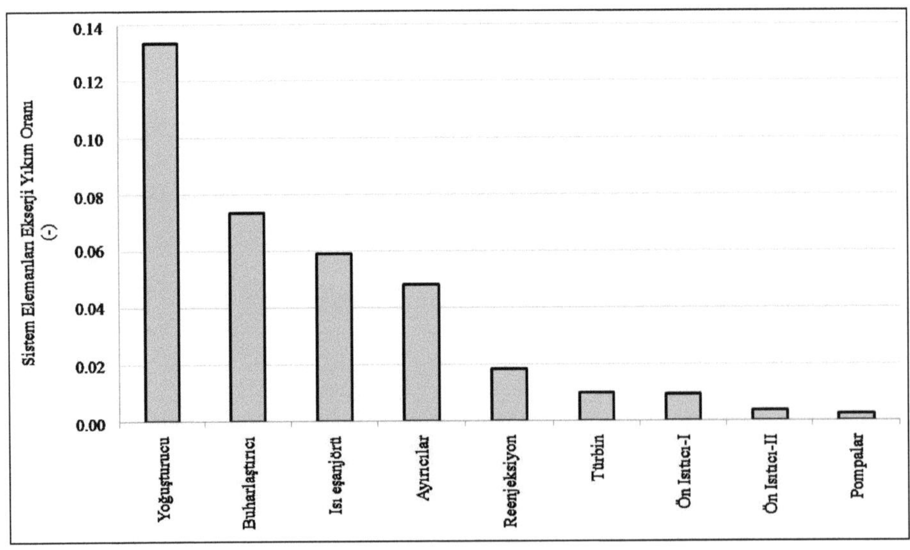


Şekil 2.51 Elektrik üretimi, ısıtma-sıcak su sağlama ve sera ısıtma birleşik sistemi elemanları ekserji yıkım oranlarının dağılımı

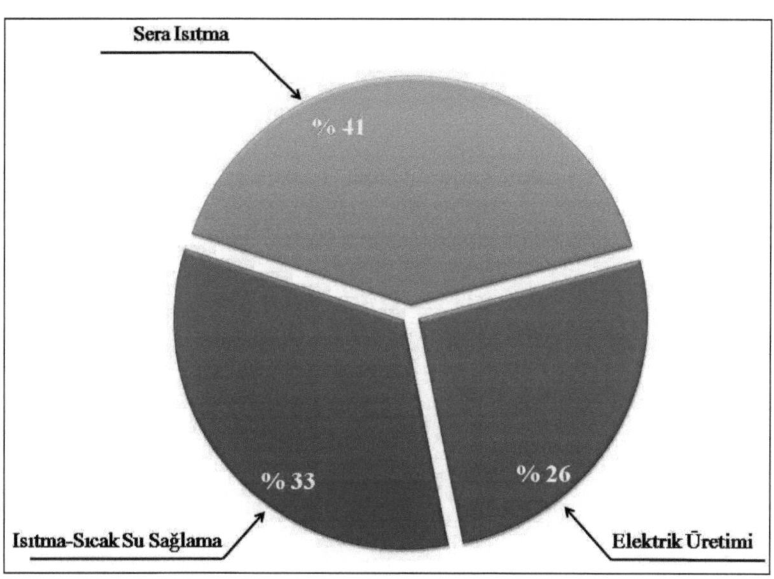


Şekil 2.52 Elektrik üretimi, ısıtma-sıcak su sağlama ve sera ısıtma birleşik enerji sistemi için kullanılan enerjinin dağılımı

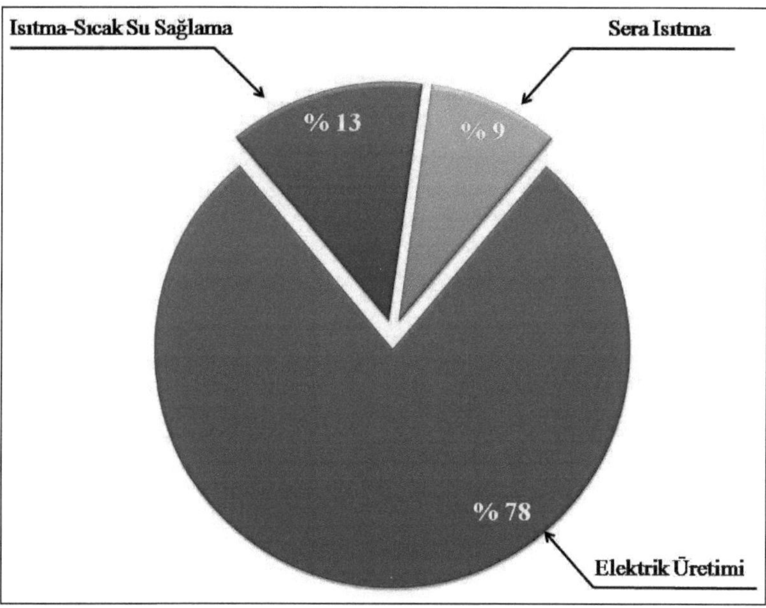


Şekil 2.53 Kullanılan ekserjinin elektrik üretimi, ısıtma-sıcak su sağlama ve sera ısıtma birleşik enerji sistemi içindeki dağılımı

## 2.11 Elektrik Üretimi (EÜ) ve Sera Isıtma (SI) Birleşik Enerji Sistemi Analizi

Elektrik üretim sistemine sera ısıtma sisteminin eklenmesiyle oluşan birleşik sisteminin şematik gösterimi, termodinamik özellikleri ve performans değerleri sırasıyla Şekil 2.54, Tablo 6.13 ve Tablo 6.14'de verilmiştir.

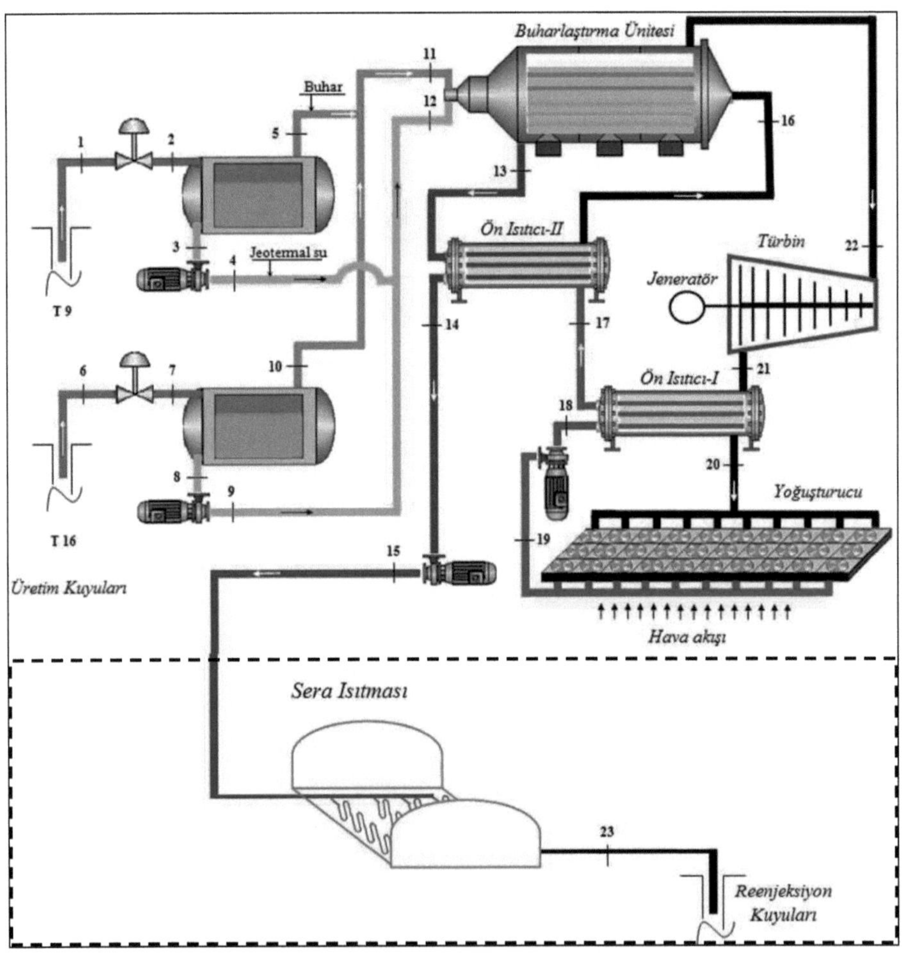


Şekil 2.54 Elektrik üretimine sera ısıtması ünitesinin eklenmesi ile oluşan şematik gösterim

Tablo 2.14 Elektrik üretimi ve sera ısıtma birleşik enerji sistem işletme ve termodinamik verileri

| Kesit No | Akışkan | Debi $\dot{m}$ (kg/s) | Sıcaklık $T$ (°C) | Basınç $P$ (kPa) | Entalpi $h$ (kJ/kg) | Entropi $s$ (kJ/kg°C) |
|---|---|---|---|---|---|---|
| 0 | Izopen. | - | 9.8 | 101 | -378.6 | -1.780 |
| 0 | Su | - | 9.8 | 101 | 41.1 | 0.144 |
| 1 | JS. | 79.90 | 156.8 | 570 | 692.0 | 1.959 |
| 2 | JS.+B. | 79.90 | 142.8 | 391 | 691.8 | 1.986 |
| 3 | JS. | 76.51 | 142.8 | 391 | 601.2 | 1.769 |
| 4 | JS. | 76.51 | 142.9 | 772 | 601.9 | 1.769 |
| 5 | B. | 3.39 | 142.8 | 391 | 2737.0 | 6.903 |
| 6 | JS. | 23.65 | 164.2 | 687 | 794.0 | 2.214 |
| 7 | JS.+B. | 23.65 | 142.8 | 391 | 793.8 | 2.231 |
| 8 | JS. | 21.52 | 142.8 | 391 | 601.2 | 1.769 |
| 9 | JS. | 21.52 | 142.9 | 728 | 601.8 | 1.769 |
| 10 | B. | 2.13 | 142.8 | 391 | 2737.0 | 6.903 |
| 11 | B. | 5.52 | 141.5 | 377 | 2735.4 | 6.915 |
| 12 | JS. | 98.03 | 142.6 | 550 | 600.4 | 1.766 |
| 13 | JS. | 103.56 | 104.4 | 320 | 438.5 | 1.383 |
| 14 | JS. | 103.56 | 72.0 | 240 | 302.4 | 0.954 |
| 15 | JS. | 103.56 | 72.1 | 540 | 302.8 | 0.955 |
| 16 | Izopen. | 77.80 | 84.0 | 967 | -201.1 | -1.247 |
| 17 | Izopen. | 77.80 | 40.4 | 967 | -307.1 | -1.555 |
| 18 | Izopen. | 77.80 | 20.1 | 967 | -354.7 | -1.704 |
| 19 | Izopen. | 77.80 | 20.0 | 120 | -354.8 | -1.705 |
| 20 | Izopen. | 77.80 | 30.0 | 122 | 5.9 | -0.526 |
| 21 | Izopen. | 77.80 | 57.5 | 126 | 55.7 | -0.376 |
| 22 | Izopen. | 77.80 | 135.0 | 967 | 157.9 | -0.347 |
| 23 | JS. | 103.56 | 25.0 | 120 | 104.5 | 0.358 |

Analizler ve hesaplamalar sonrasında sistem elemanları içinde en yüksek iyileştirilebilirlik potansiyeline buharlaştırıcı ünitesinin sahip olduğu görülmüştür (Şekil 2.55). İncelenen sistem için enerji ve ekserji akış grafiğikleri Şekil 2.56 ve 2.57'de ayrıntılı bir biçimde ortaya konmaktadır. Boyutsuz ekserji yıkım oranı ve sistem elemanları ekserji yıkım oranı dağılımı grafikleri (Şekil 2.58 ve 2.59) incelendiğinde en yüksek ekserji kaybının yoğuşturucu (kondenser) ünitesinde olduğu görülmektedir. Kullanılan enerjinin ve ekserjinin birleşik enerji sistemleri içindeki yüzdesel dağılımı Şekil 2.60 ve 2.61'de grafiksel olarak gösterilmiştir. Bu sayede enerjinin ve ekserjinin dağılımı daha kolay bir biçimde karşılaştırılabilmektedir. Bu grafiklerden enerjinin ve ekserjinin elektrik üretimi ve sera ısıtma birleşik sistemi içindeki dağılımı daha kolay bir biçimde karşılaştırılabilir.

Tablo 2.15 Elektrik ve sıcak su birleşik enerji sistem elemanlarının enerjetik ve ekserjetik performans değerleri

| Sistem Bileşenleri | Isıl kayıplar (MW) | Ekserji Kayıpları (MW) | Enerji verimi (%) | Ekserji verimi (%) | *IP* (kW) |
|---|---|---|---|---|---|
| Buharlaştırıcı | 0.631 | 1.171 | 97.79 | 87.41 | 147 |
| Ön Isıtıcı-I | 0.171 | 0.149 | 95.58 | 74.02 | 39 |
| Ön Isıtıcı-II | 5.847 | 0.060 | 58.51 | 96.07 | 3 |
| Türbin | 0.795 | 0.157 | 90.00 | 97.85 | 4 |
| Pompalar | 0.030 | 0.038 | 86.16 | 82.81 | 7 |
| Ayırıcılar | 0.016 | 0.767 | 99.97 | 94.87 | 39 |
| Reenjeksiyon | 5.769 | 0.293 | - | - | - |
| Yoğuşturucu | 28.062 | 2.122 | - | - | - |

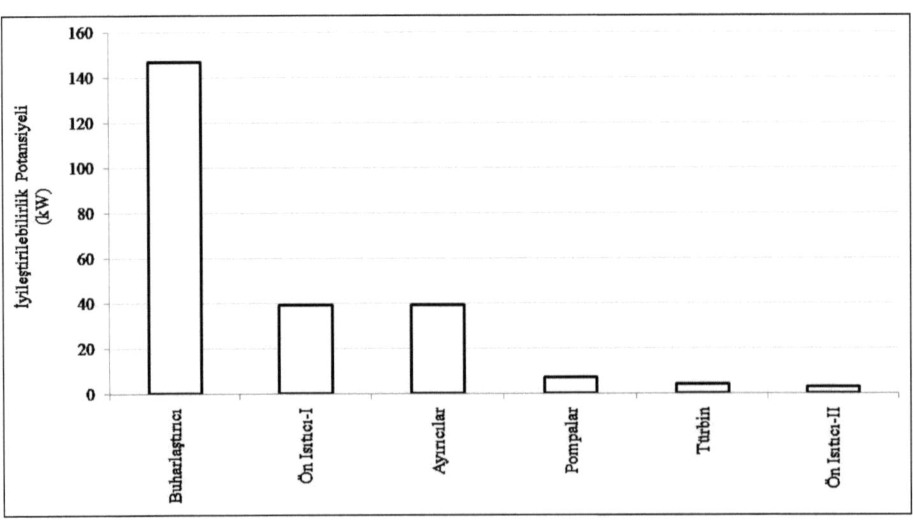


Şekil 2.55 Elektrik üretimi ve sera ısıtma birleşik enerji sistem elemanlarının iyileştirilebilirlik potansiyeli

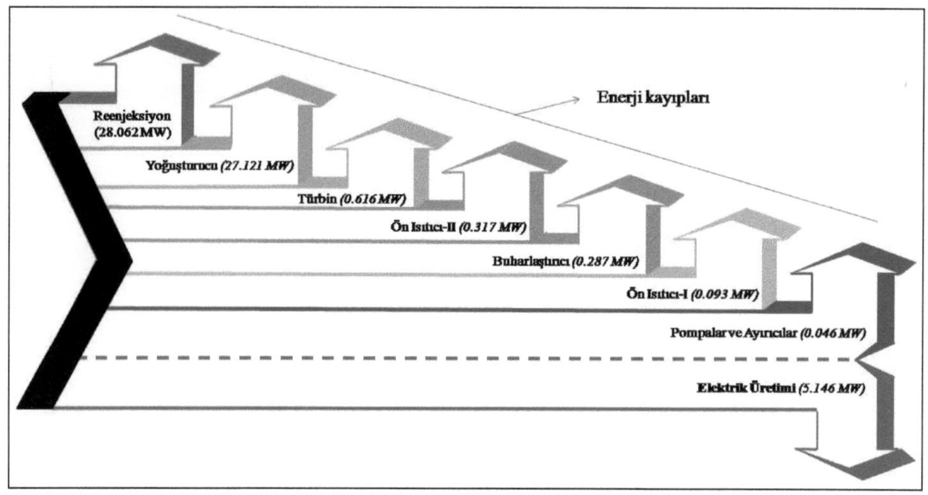


Şekil 2.56 Elektrik üretimi (EÜ) ve sera ısıtma (SI) birleşik enerji sistemi için enerji akış grafiği

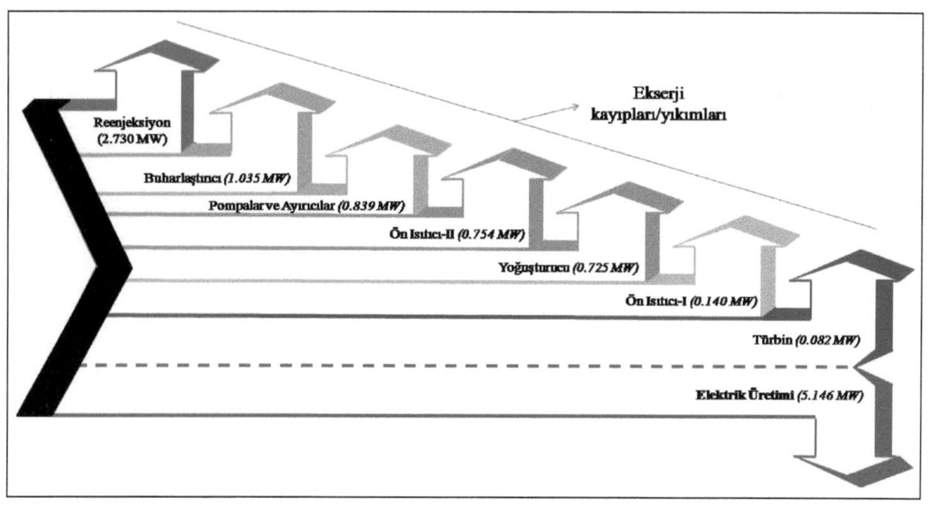


Şekil 2.57 Elektrik üretimi (EÜ) ve sera ısıtma (SI) birleşik enerji sistemi için ekserji akış grafiği

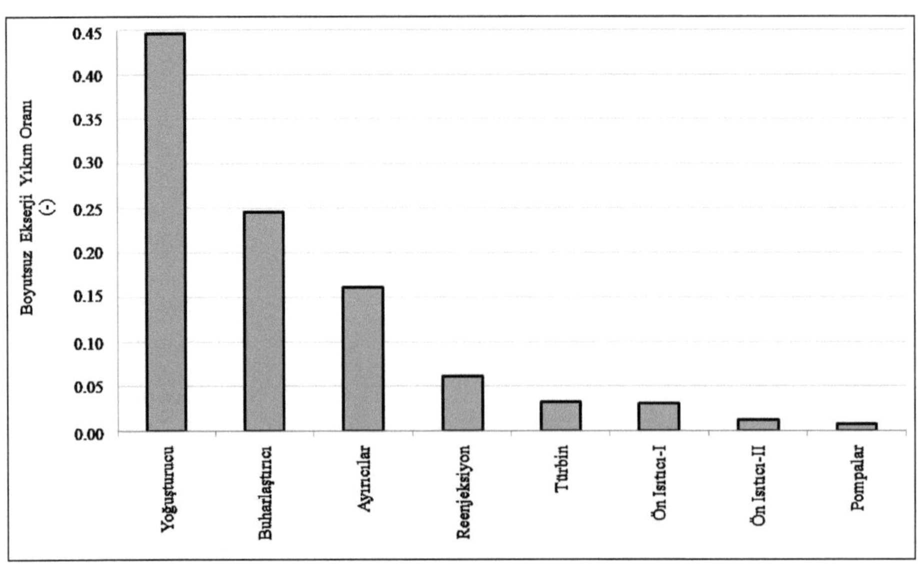


Şekil 2.58 Boyutsuz ekserji yıkım oranının elektrik üretimi ve sera ısıtma birleşik sistemi elemanlarına bağlı dağılımı

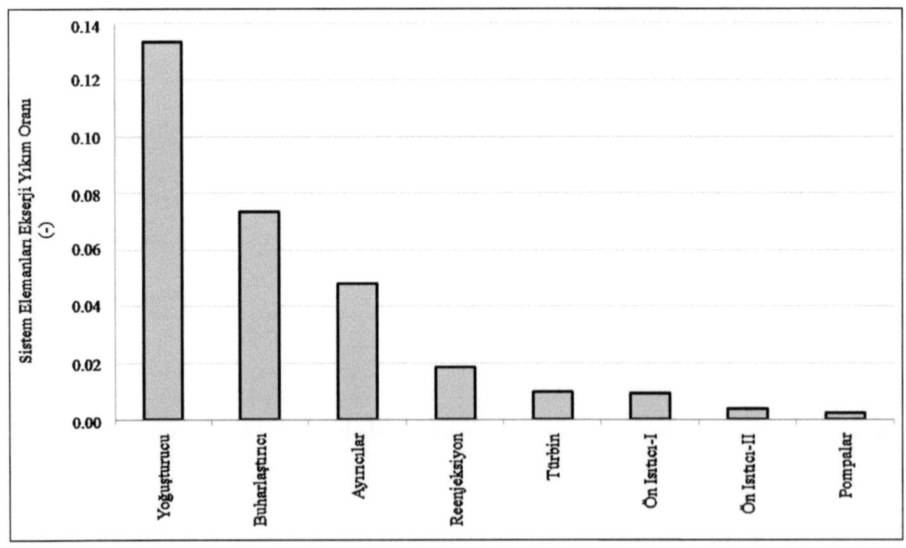


Şekil 2.59 Elektrik üretimi ve sera ısıtma birleşik sistemi elemanları ekserji yıkım oranlarının dağılımı

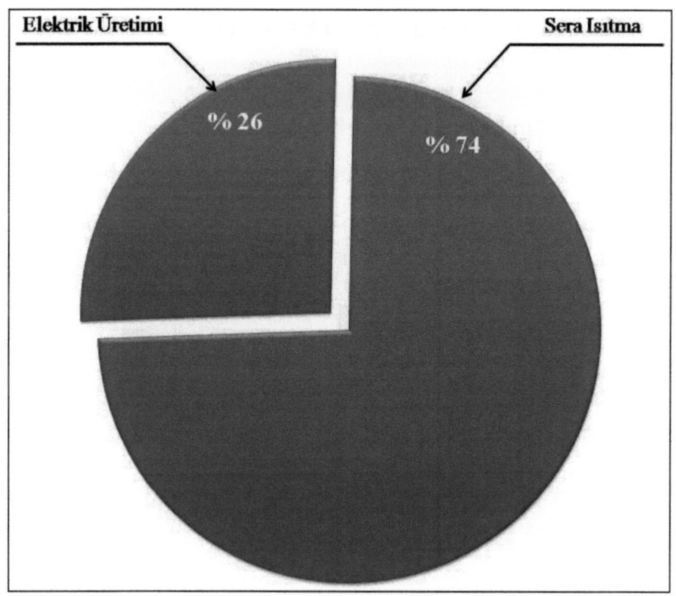


Şekil 2.60 Elektrik üretimi ve sera ısıtma birleşik enerji sistemi için kullanılan enerjinin dağılımı

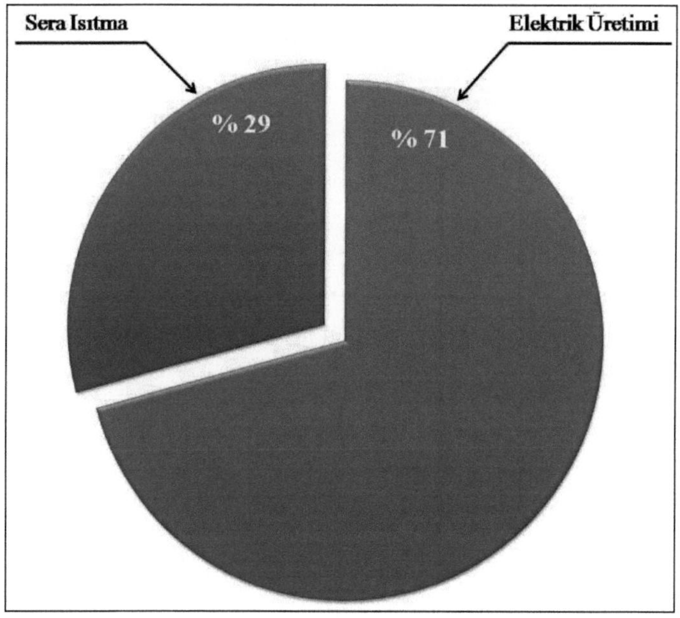


Şekil 2.61 Kullanılan ekserjinin birleşik enerji sistemi içindeki dağılımı

## 2.12 Tek Etkili Absorbsiyonlu Soğutma (TEAS) Sisteminin Analizi

Jeotermal kaynaktan tek etkili absorbsiyonlu soğutma ünitesinin beslenmesi ile oluşan birleşik sisteminin şematik gösterimi, termodinamik özellikleri ve performans değerleri sırasıyla Şekil 2.62, Tablo 2.16 ve Tablo 2.17'de verilmiştir.

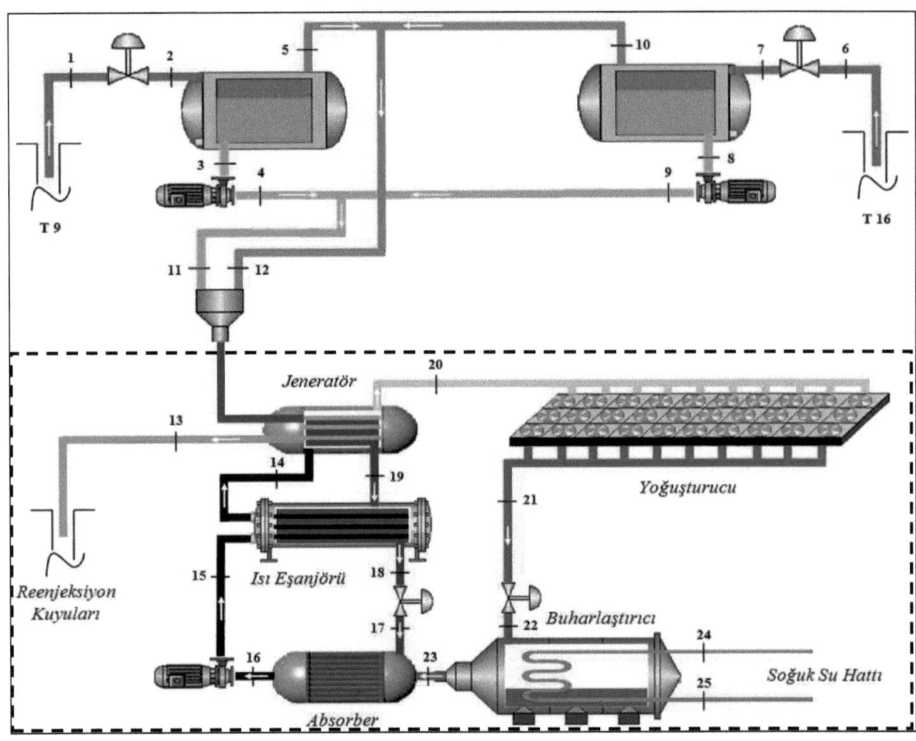


Şekil 2.62 Jeotermal kaynaktan tek etkili absorbsiyonlu soğutma ünitesinin beslenmesi ile oluşan şematik gösterim

Tablo 2.16 TEAS enerji sistem işletme ve termodinamik verileri

| Kesit No | Akışkan | Debi $\dot{m}$ (kg/s) | Sıcaklık $T$ (°C) | Basınç $P$ (kPa) | Entalpi $h$ (kJ/kg) | Entropi $s$ (kJ/kg°C) |
|---|---|---|---|---|---|---|
| 0 | Su | - | 25.4 | 101 | 106.6 | 0.373 |
| 0 | LiBr-Su | - | 25.4 | 101 | -190.0 | 0.1479 |
| 0 | LiBr-Su | - | 25.4 | 101 | -185.0 | 0.1371 |
| 1 | JS | 79.11 | 156.8 | 570 | 692.0 | 1.959 |
| 2 | JS+B | 79.11 | 142.8 | 377 | 691.8 | 1.986 |
| 3 | JS | 75.75 | 142.8 | 377 | 601.2 | 1.769 |
| 4 | JS | 75.75 | 142.9 | 377 | 601.9 | 1.769 |
| 5 | B | 3.36 | 142.8 | 377 | 2737.0 | 6.903 |
| 6 | JS | 23.42 | 164.2 | 687 | 794.0 | 2.214 |
| 7 | JS+B | 23.42 | 142.8 | 377 | 793.8 | 2.231 |
| 8 | JS | 21.31 | 142.8 | 377 | 601.2 | 1.769 |
| 9 | JS | 21.31 | 142.9 | 377 | 601.8 | 1.769 |
| 10 | B | 2.11 | 142.8 | 377 | 2737.0 | 6.903 |
| 11 | JS | 5.47 | 141.5 | 377 | 2735.4 | 6.915 |
| 12 | B | 97.06 | 142.6 | 377 | 600.4 | 1.766 |
| 13 | JS | 102.53 | 80.0 | 500 | 335.4 | 1.075 |
| 14 | LiBr-Su | 189.48 | 55.0 | 5.627 | -130 | 0.337 |
| 15 | LiBr-Su | 189.48 | 35.1 | 5.627 | -170 | 0.211 |
| 16 | LiBr-Su | 189.48 | 35.0 | 1.002 | -171 | 0.211 |
| 17 | LiBr-Su | 176.56 | 47.0 | 1.002 | -133 | 0.268 |
| 18 | LiBr-Su | 176.56 | 52.0 | 5.627 | -133 | 0.298 |
| 19 | LiBr-Su | 176.56 | 75.0 | 5.627 | -90 | 0.430 |
| 20 | B | 12.92 | 75.0 | 5.627 | 2640 | 8.591 |
| 21 | Su | 12.92 | 35.0 | 5.627 | 146.6 | 0.505 |
| 22 | Su | 12.92 | 7.0 | 1.002 | 146.6 | 0.525 |
| 23 | Su | 12.92 | 7.0 | 1.002 | 2513 | 8.973 |
| 24 | Su | 1182 | 8.0 | 380 | 34.0 | 0.121 |
| 25 | Su | 1182 | 14.0 | 430 | 59.2 | 0.210 |

Tablo 2.17 TEAS sistem elemanlarının enerjetik ve ekserjetik performans değerleri

| Sistem Bileşenleri | Isıl kayıplar (MW) | Ekserji Kayıpları (MW) | Enerji verimi (%) | Ekserji verimi (%) | *IP* (kW) |
|---|---|---|---|---|---|
| Ayırıcılar | 0.287 | 1.035 | 98.75 | 83.41 | 172 |
| Buharlaştırıcı | 0.633 | 0.381 | 97.92 | 80.79 | 68 |
| Kaynatıcı | 0.869 | 4.614 | 97.76 | 27.01 | 3367 |
| Isı Eşanjörü | 1.258 | 0.183 | 85.76 | 71.29 | 51 |
| Yoğuşturucu | 32.038 | 1.035 | - | - | - |
| Kısılma vanaları | - | 1.582 | - | - | - |
| Absorber | 35.279 | - | - | - | - |
| Reenjeksiyon | 23.459 | 1.981 | - | - | - |

## 2.13 Tek Etkili Absorbsiyonlu Soğutma (TEAS) ve Sıcak Su Sağlama (SSS) Birleşik Enerji Sistemi Analizi

Jeotermal kaynaktan tek etkili absorbsiyonlu soğutma ve sıcak su sağlama ünitesinin beslenmesi ile oluşan birleşik sisteminin şematik gösterimi, termodinamik özellikleri ve performans değerleri sırasıyla Şekil 2.63, Tablo 2.18 ve Tablo 2.19'da verilmiştir.

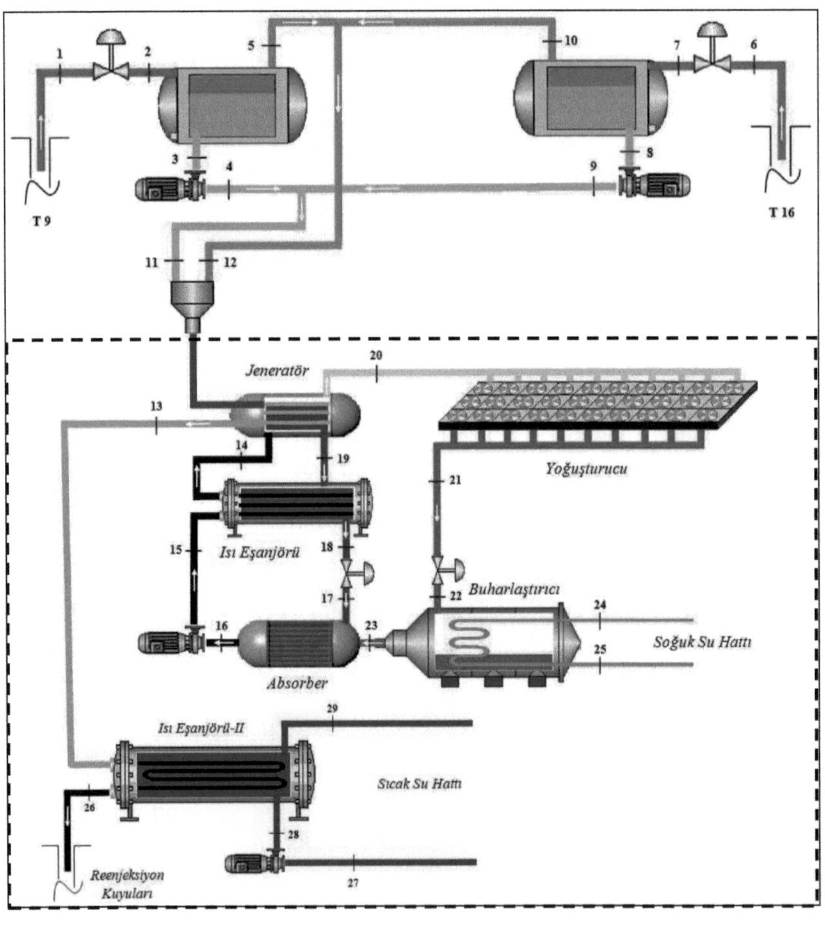


Şekil 2.63 Jeotermal kaynaktan tek etkili absorbsiyonlu soğutma ve sıcak su sağlama ünitesinin beslenmesi ile oluşan şematik gösterim

Tablo 2.18 Tek etkili soğutma ve sıcak su sistemi işletme ve termodinamik verileri

| Kesit No | Akışkan | Debi $\dot{m}$ (kg/s) | Sıcaklık $T$ (°C) | Basınç $P$ (kPa) | Entalpi $h$ (kJ/kg) | Entropi $s$ (kJ/kg°C) |
|---|---|---|---|---|---|---|
| 0 | Su | - | 25.4 | 101 | 106.6 | 0.373 |
| 0 | LiBr-Su | - | 25.4 | 101 | -190 | 0.1479 |
| 0 | LiBr-Su | - | 25.4 | 101 | -185 | 0.1371 |
| 1 | JS | 79.11 | 156.8 | 570 | 692.0 | 1.959 |
| 2 | JS+B | 79.11 | 142.8 | 377 | 691.8 | 1.986 |
| 3 | JS | 75.75 | 142.8 | 377 | 601.2 | 1.769 |
| 4 | JS | 75.75 | 142.9 | 377 | 601.9 | 1.769 |
| 5 | B | 3.36 | 142.8 | 377 | 2737.0 | 6.903 |
| 6 | JS | 23.42 | 164.2 | 687 | 794.0 | 2.214 |
| 7 | JS+B | 23.42 | 142.8 | 377 | 793.8 | 2.231 |
| 8 | JS | 21.31 | 142.8 | 377 | 601.2 | 1.769 |
| 9 | JS | 21.31 | 142.9 | 377 | 601.8 | 1.769 |
| 10 | B | 2.11 | 142.8 | 377 | 2737.0 | 6.903 |
| 11 | JS | 97.06 | 142.6 | 377 | 600.4 | 1.766 |
| 12 | B | 5.47 | 141.5 | 377 | 2735.4 | 6.915 |
| 13 | JS | 102.53 | 80.0 | 500 | 335.4 | 1.075 |
| 14 | LiBr-Su | 189.48 | 55.0 | 5.627 | -130 | 0.337 |
| 15 | LiBr-Su | 189.48 | 35.1 | 5.627 | -170 | 0.211 |
| 16 | LiBr-Su | 189.48 | 35.0 | 1.002 | -171 | 0.211 |
| 17 | LiBr-Su | 176.56 | 47.0 | 1.002 | -133 | 0.268 |
| 18 | LiBr-Su | 176.56 | 52.0 | 5.627 | -133 | 0.298 |
| 19 | LiBr-Su | 176.56 | 75.0 | 5.627 | -90 | 0.430 |
| 20 | B | 12.92 | 75.0 | 5.627 | 2640 | 8.591 |
| 21 | Su | 12.92 | 35.0 | 5.627 | 146.6 | 0.505 |
| 22 | Su | 12.92 | 7.0 | 1.002 | 146.6 | 0.525 |
| 23 | Su | 12.92 | 7.0 | 1.002 | 2513 | 8.973 |
| 24 | Su | 1182 | 8.0 | 380 | 34.0 | 0.121 |
| 25 | Su | 1182 | 14.0 | 430 | 59.2 | 0.210 |
| 26 | JS | 102.53 | 50.0 | 400 | 209.8 | 0.704 |
| 27 | Su | 117.50 | 30.0 | 200 | 125.9 | 0.437 |
| 28 | Su | 117.50 | 30.1 | 500 | 126.6 | 0.438 |
| 29 | Su | 117.50 | 55.0 | 470 | 230.6 | 0.768 |

Tablo 2.19 Tek etkili soğutma ve sıcak su birleşik sistem elemanlarının enerjetik ve ekserjetik performans değerleri

| Sistem Bileşenleri | Isıl kayıplar (MW) | Ekserji Kayıpları (MW) | Enerji verimi (%) | Ekserji verimi (%) | *IP* (kW) |
|---|---|---|---|---|---|
| Ayırıcılar | 0.287 | 1.035 | 98.75 | 83.41 | 172 |
| Buharlastırıcı | 0.633 | 0.381 | 97.92 | 80.79 | 68 |
| Kaynatıcı | 0.869 | 4.614 | 97.76 | 27.01 | 3367 |
| Isı Esanjörü-I | 1.258 | 0.183 | 85.76 | 71.29 | 51 |
| Isı Esanjörü-II | 0.648 | 0.877 | 94.96 | 42.55 | 5038 |
| Yoğusturucu | 32.038 | 1.035 | - | - | - |
| Kısılma vanaları | - | 1.582 | - | - | - |
| Absorber | 35.279 | - | - | - | - |
| Reenjeksiyon | 10.581 | 0.454 | - | - | - |

## 2.14 Çift Etkili Absorbsiyonlu Soğutma(ÇEAS) Sisteminin Analizi

Jeotermal kaynaktan çift etkili absorbsiyonlu soğutma ünitesinin beslenmesi ile oluşan enerji sisteminin elemanları ile şematik gösterimi Şekil 2.64'de verilmiştir. Belirlenen sisteminin enerjetik ve ekserjetik incelemesi için kullanılan işletme ve termodinamik veriler Tablo 2.20'de verilmiştir.

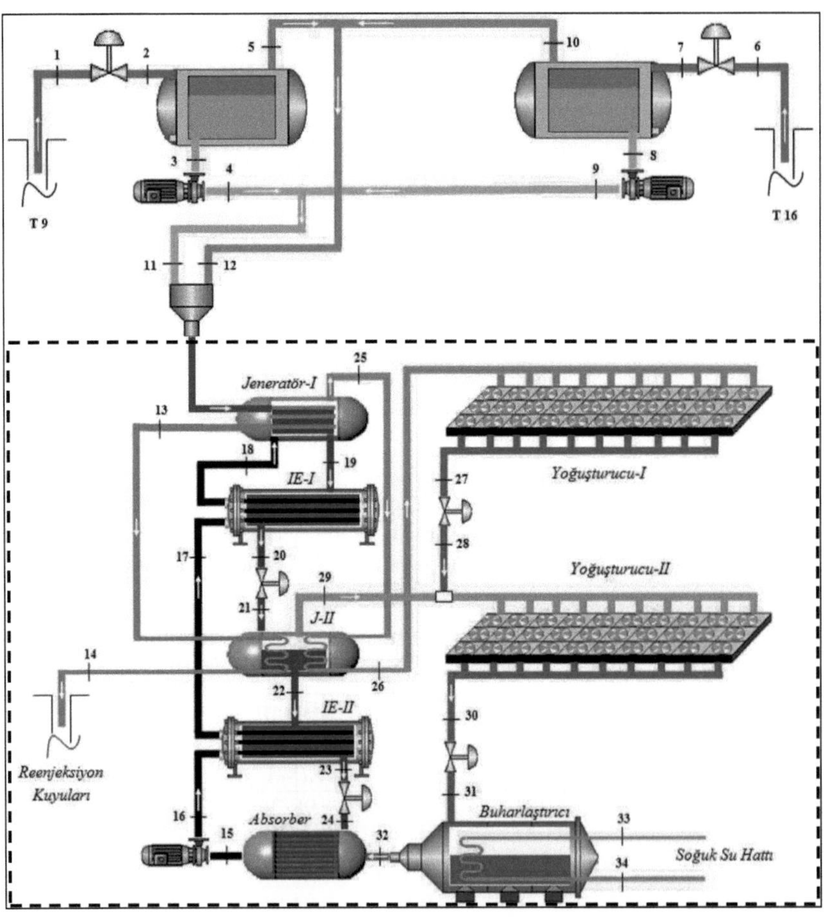


Şekil 2.64 Jeotermal kaynaktan çift etkili absorbsiyonlu soğutma ünitesinin beslenmesi ile oluşan şematik gösterim

Tablo 2.20 Çift etkili absorbsiyonlu soğutma birleşik enerji sistem işletme ve termodinamik verileri

| Kesit No | Akışkan | Debi $\dot{m}$ (kg/s) | Sıcaklık $T$ (°C) | Basınç $P$ (kPa) | Entalpi $h$ (kJ/kg) | Entropi $s$ (kJ/kg°C) |
|---|---|---|---|---|---|---|
| 0 | Su | - | 25.4 | 101 | 106.6 | 0.3730 |
| 0 | LiBr-Su | - | 25.4 | 101 | -185 | 0.1795 |
| 0 | LiBr-Su | - | 25.4 | 101 | -190 | 0.1479 |
| 0 | LiBr-Su | - | 25.4 | 101 | -195 | 0.1403 |
| 1 | JS | 79.11 | 156.8 | 570 | 692.0 | 1.959 |
| 2 | JS+B | 79.11 | 142.8 | 377 | 691.8 | 1.986 |
| 3 | JS | 75.75 | 142.8 | 377 | 601.2 | 1.769 |
| 4 | JS | 75.75 | 142.9 | 377 | 601.9 | 1.769 |
| 5 | B | 3.36 | 142.8 | 377 | 2737.0 | 6.903 |
| 6 | JS | 23.42 | 164.2 | 687 | 794.0 | 2.214 |
| 7 | JS+B | 23.42 | 142.8 | 377 | 793.8 | 2.231 |
| 8 | JS | 21.31 | 142.8 | 377 | 601.2 | 1.769 |
| 9 | JS | 21.31 | 142.9 | 377 | 601.8 | 1.769 |
| 10 | B | 2.11 | 142.8 | 377 | 2737.0 | 6.903 |
| 11 | JS | 97.06 | 142.6 | 377 | 600.4 | 1.766 |
| 12 | B | 5.47 | 141.5 | 377 | 2735.4 | 6.915 |
| 13 | JS | 102.53 | 115.5 | 370 | 485.0 | 1.479 |
| 14 | JS | 102.53 | 110.0 | 350 | 461.4 | 1.418 |
| 15 | LiBr-Su | 83 | 40.0 | 1.002 | -149 | 0.2804 |
| 16 | LiBr-Su | 83 | 40.1 | 169 | -150 | 0.2811 |
| 17 | LiBr-Su | 83 | 65 | 169 | -90 | 0.4466 |
| 18 | LiBr-Su | 83 | 90 | 169 | -35 | 0.6045 |
| 19 | LiBr-Su | 75.46 | 115.0 | 169 | 0 | 0.6869 |
| 20 | LiBr-Su | 75.46 | 85 | 169 | -70 | 0.5177 |
| 21 | LiBr-Su | 75.46 | 82.5 | 7.381 | -70 | 0.5031 |
| 22 | LiBr-Su | 72.80 | 100.0 | 7.381 | -45 | 0.5835 |
| 23 | LiBr-Su | 72.80 | 60 | 7.381 | -115 | 0.3543 |
| 24 | LiBr-Su | 72.80 | 58 | 1.002 | -115 | 0.3423 |
| 25 | B | 7.54 | 115.0 | 169 | 2699.0 | 7.184 |
| 26 | Su | 7.54 | 115.0 | 169 | 814.7 | 2.33 |
| 27 | Su | 7.54 | 40.0 | 169 | 167.5 | 0.5718 |
| 28 | Su | 7.54 | 40.0 | 7.381 | 167.5 | 0.5723 |
| 29 | B | 2.66 | 100.0 | 7.381 | 2676.0 | 8.5670 |
| 30 | Su | 10.2 | 40.0 | 7.381 | 167.5 | 0.5723 |
| 31 | Su | 10.2 | 7.0 | 1.002 | 167.5 | 0.5992 |
| 32 | B | 10.2 | 7.0 | 1.002 | 2513.0 | 8.973 |
| 33 | Su | 930 | 8.0 | 380 | 34.0 | 0.121 |
| 34 | Su | 930 | 14.0 | 430 | 59.2 | 0.210 |

## 2.15 Çift Etkili Absorbsiyonlu Soğutma (ÇEAS) ve Sıcak Su Sağlama (SSS) Birleşik Enerji Sistemi Analizi

Jeotermal kaynaktan çift etkili absorbsiyonlu soğutma ve sıcak su sağlama ünitesinin beslenmesi ile oluşan enerji sisteminin elemanları ile şematik gösterimi Şekil 2.65'de verilmiştir. Belirlenen sisteminin enerjetik ve ekserjetik incelemesi için kullanılan işletme ve termodinamik veriler Tablo 6.21'de verilmiştir.

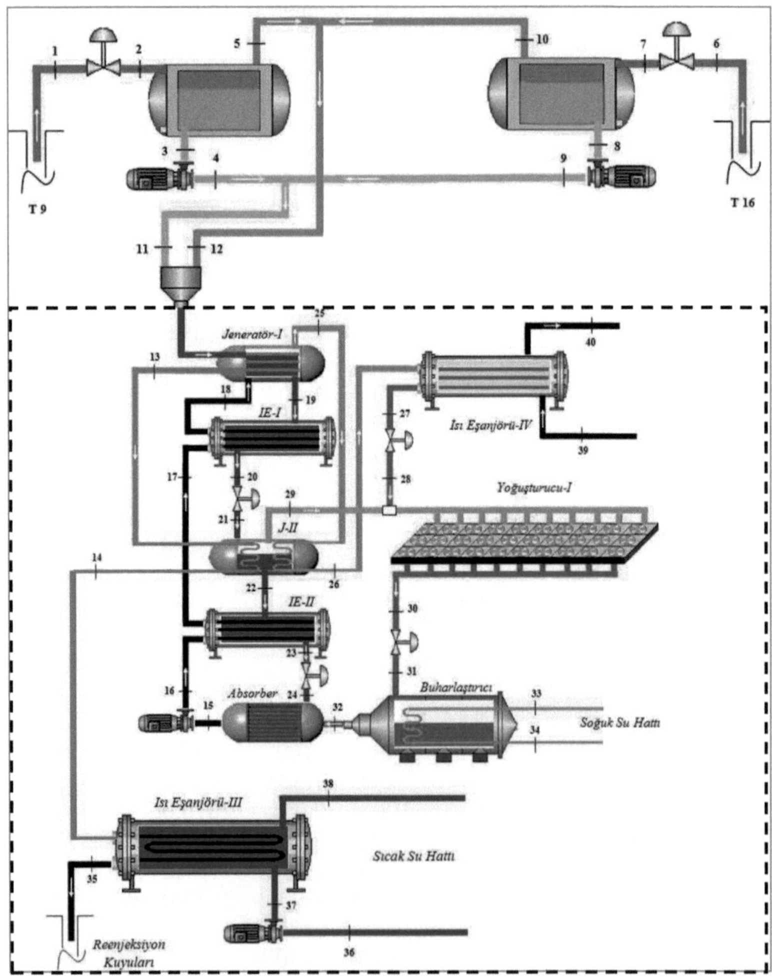


Şekil 2.65 Jeotermal kaynaktan çift etkili absorbsiyonlu soğutma ve sıcak su sağlama ünitesinin beslenmesi ile oluşan şematik gösterim

Tablo 2.21 Çift etkili absorbsiyonlu soğutma ve sıcak su sağlama birleşik enerji sistem modelinin sistem işletme ve termodinamik verileri

| Kesit No | Akışkan | Debi $\dot{m}$ (kg/s) | Sıcaklık $T$ (°C) | Basınç $P$ (kPa) | Entalpi $h$ (kJ/kg) | Entropi $s$ (kJ/kg°C) |
|---|---|---|---|---|---|---|
| 0 | Su | - | 25.4 | 101 | 106.6 | 0.3730 |
| 0 | LiBr-Su | - | 25.4 | 101 | -185 | 0.1795 |
| 0 | LiBr-Su | - | 25.4 | 101 | -190 | 0.1479 |
| 0 | LiBr-Su | - | 25.4 | 101 | -195 | 0.1403 |
| 1 | JS | 79.11 | 156.8 | 570 | 692.0 | 1.959 |
| 2 | JS+B | 79.11 | 142.8 | 377 | 691.8 | 1.986 |
| 3 | JS | 75.75 | 142.8 | 377 | 601.2 | 1.769 |
| 4 | JS | 75.75 | 142.9 | 377 | 601.9 | 1.769 |
| 5 | B | 3.36 | 142.8 | 377 | 2737.0 | 6.903 |
| 6 | JS | 23.42 | 164.2 | 687 | 794.0 | 2.214 |
| 7 | JS+B | 23.42 | 142.8 | 377 | 793.8 | 2.231 |
| 8 | JS | 21.31 | 142.8 | 377 | 601.2 | 1.769 |
| 9 | JS | 21.31 | 142.9 | 377 | 601.8 | 1.769 |
| 10 | B | 2.11 | 142.8 | 377 | 2737.0 | 6.903 |
| 11 | JS | 97.06 | 142.6 | 377 | 600.4 | 1.766 |
| 12 | B | 5.47 | 141.5 | 377 | 2735.4 | 6.915 |
| 13 | JS | 102.53 | 115.5 | 370 | 485.0 | 1.479 |
| 14 | JS | 102.53 | 110.0 | 350 | 461.4 | 1.418 |
| 15 | LiBr-Su | 83 | 40.0 | 1.002 | -149 | 0.2804 |
| 16 | LiBr-Su | 83 | 40.1 | 169 | -150 | 0.2811 |
| 17 | LiBr-Su | 83 | 65 | 169 | -90 | 0.4466 |
| 18 | LiBr-Su | 83 | 90 | 169 | -35 | 0.6045 |
| 19 | LiBr-Su | 75.46 | 115.0 | 169 | 0 | 0.6869 |
| 20 | LiBr-Su | 75.46 | 85 | 169 | -70 | 0.5177 |
| 21 | LiBr-Su | 75.46 | 82.5 | 7.381 | -70 | 0.5031 |
| 22 | LiBr-Su | 72.80 | 100.0 | 7.381 | -45 | 0.5835 |
| 23 | LiBr-Su | 72.80 | 60 | 7.381 | -115 | 0.3543 |
| 24 | LiBr-Su | 72.80 | 58 | 1.002 | -115 | 0.3423 |
| 25 | B | 7.54 | 115.0 | 169 | 2699.0 | 7.184 |
| 26 | Su | 7.54 | 115.0 | 169 | 814.7 | 2.33 |
| 27 | Su | 7.54 | 40.0 | 169 | 167.5 | 0.5718 |
| 28 | Su | 7.54 | 40.0 | 7.381 | 167.5 | 0.5723 |
| 29 | B | 2.66 | 100.0 | 7.381 | 2676.0 | 8.5670 |
| 30 | Su | 10.2 | 40.0 | 7.381 | 167.5 | 0.5723 |
| 31 | Su | 10.2 | 7.0 | 1.002 | 167.5 | 0.5992 |
| 32 | B | 10.2 | 7.0 | 1.002 | 2513.0 | 8.973 |
| 33 | Su | 930 | 8.0 | 380 | 34.0 | 0.121 |
| 34 | Su | 930 | 14.0 | 430 | 59.2 | 0.210 |
| 35 | JS | 102.53 | 50.0 | 500 | 209.8 | 0.704 |
| 36 | Su | 243 | 30.0 | 200 | 125.9 | 0.437 |
| 37 | Su | 243 | 30.1 | 500 | 126.6 | 0.438 |
| 38 | Su | 243 | 55.0 | 470 | 230.6 | 0.768 |
| 39 | Su | 45 | 30.1 | 500 | 126.6 | 0.438 |
| 40 | Su | 45 | 55.0 | 470 | 230.6 | 0.768 |

## 2.16 Isıtma-Sıcak Su Sağlama (ISSS) Enerji Sistemi Analizi

Jeotermal kaynaktan ısıtma ve sıcak su sağlama ünitesinin beslenmesi ile oluşan enerji sisteminin elemanları ve şematik gösterimi Şekil 2.66'da verilmiştir. Belirlenen sisteminin enerjetik ve ekserjetik incelemesi için kullanılan işletme ve termodinamik veriler Tablo 2.22'de verilmiştir. Sistem elemanlarında oluşan enerji-ekserji verim değerleri, ısıl kayıplar, ekserjetik yıkım-kayıp değerleri Tablo 2.23'de verilmiştir.

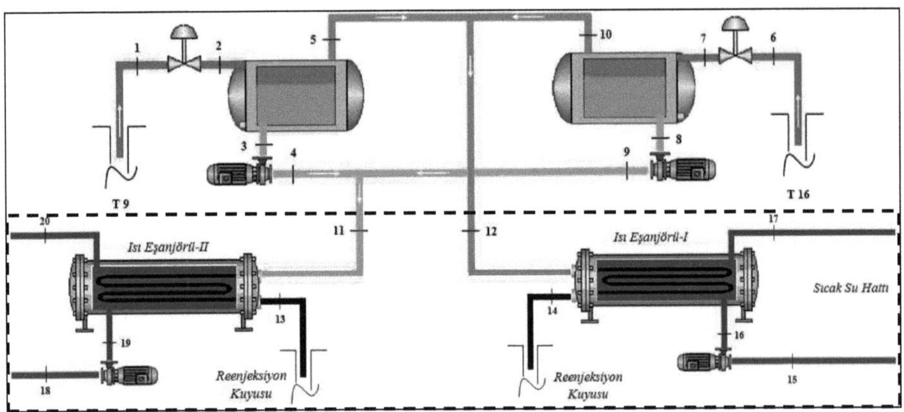


Şekil 2.66 Jeotermal kaynaktan ısıtma-sıcak su sağlama ünitesinin beslenmesi ile oluşan şematik gösterim

Tablo 2.22 Isıtma ve sıcak su birleşik enerji sistem elemanlarının enerjetik ve ekserjetik performans değerleri

| Sistem Bileşenleri | Isıl kayıplar (MW) | Ekserji Kayıpları (MW) | Enerji verimi (%) | Ekserji verimi (%) | *IP* (MW) |
|---|---|---|---|---|---|
| Isı eşanjörü-I | 0.748 | 3.931 | 98.05 | 56.12 | 1725 |
| Isı eşanjörü-II | 0.322 | 2.440 | 97.70 | 42.70 | 1398 |
| Pompalar | 0.030 | 0.038 | 86.16 | 82.81 | 7 |
| Ayırıcılar | 0.016 | 0.767 | 99.97 | 94.87 | 39 |
| Reenjeksiyon | 17.469 | 1.070 | - | - | - |

Tablo 2.23 Isıtma ve sıcak su birleşik enerji sistem modelinin sistem işletme ve termodinamik verileri

| Kesit No | Akışkan | Debi $\dot{m}$ (kg/s) | Sıcaklık $T$ (°C) | Basınç $P$ (kPa) | Entalpi $h$ (kJ/kg) | Entropi $s$ (kJ/kg°C) |
|---|---|---|---|---|---|---|
| 0 | Su | - | 9.8 | 101 | 41.1 | 0.144 |
| 1 | JS | 79.90 | 156.8 | 570 | 692.0 | 1.959 |
| 2 | JS+B | 79.90 | 142.8 | 391 | 691.8 | 1.986 |
| 3 | JS | 76.51 | 142.8 | 391 | 601.2 | 1.769 |
| 4 | JS | 76.51 | 142.9 | 772 | 601.9 | 1.769 |
| 5 | B | 3.39 | 142.8 | 391 | 2737.0 | 6.903 |
| 6 | JS | 23.65 | 164.2 | 687 | 794.0 | 2.214 |
| 7 | JS+B | 23.65 | 142.8 | 391 | 793.8 | 2.231 |
| 8 | JS | 21.52 | 142.8 | 391 | 601.2 | 1.769 |
| 9 | JS | 21.52 | 142.9 | 728 | 601.8 | 1.769 |
| 10 | B | 2.13 | 142.8 | 391 | 2737.0 | 6.903 |
| 11 | JS | 98.03 | 142.6 | 650 | 601.8 | 1.767 |
| 12 | JS | 5.52 | 141.5 | 380 | 2739.3 | 6.920 |
| 13 | JS | 98.03 | 50.0 | 470 | 209.8 | 0.704 |
| 14 | JS | 5.52 | 50.0 | 200 | 209.8 | 0.704 |
| 15 | Su | 131 | 40.0 | 200 | 167.7 | 0.572 |
| 16 | Su | 131 | 40.1 | 500 | 168.4 | 0.574 |
| 17 | Su | 131 | 65.0 | 470 | 272.5 | 0.893 |
| 18 | Su | 362 | 40.0 | 200 | 167.7 | 0.572 |
| 19 | Su | 362 | 40.1 | 500 | 168.4 | 0.574 |
| 20 | Su | 362 | 65.0 | 470 | 272.5 | 0.893 |

## 2.17 Isıtma-Sıcak Su Sağlama (ISSS) ve Sera Isıtma (SI) Birleşik Enerji Sistemi Analizi

Jeotermal kaynaktan Isıtma, sıcak su sağlama ve sera ısıtma ünitesinin beslenmesi ile oluşan enerji sisteminin elemanları ile şematik gösterimi Şekil 2.67'de verilmiştir. Belirlenen sisteminin enerjetik ve ekserjetik incelemesi için kullanılan işletme ve termodinamik veriler Tablo 6.25'de verilmiştir. Sistem elemanlarında oluşan enerji-ekserji verim değerleri, ısıl kayıplar, ekserjetik yıkım/kayıp değerleri Tablo 6.26'da verilmiştir.

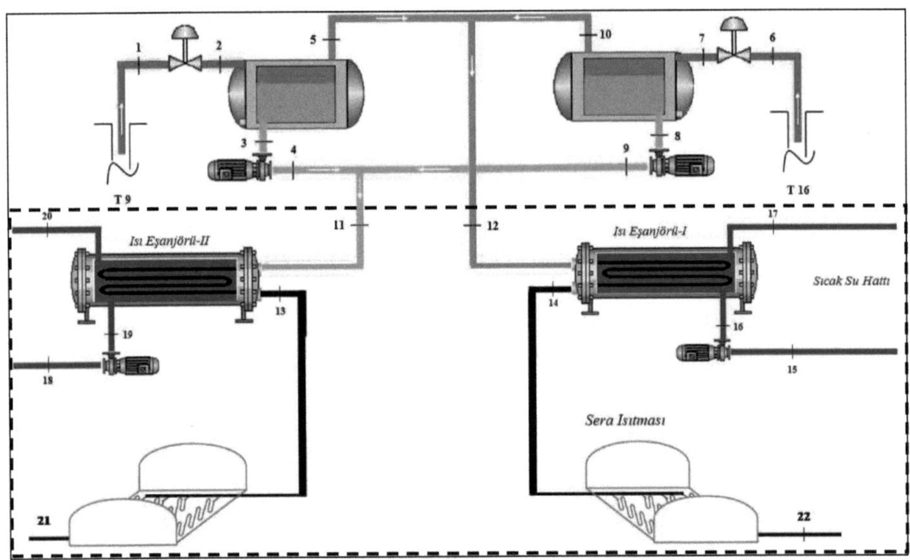


Şekil 2.67 Jeotermal kaynaktan ısıtma-sıcak su sağlama ve sera ünitesinin beslenmesi ile oluşan şematik gösterim

Tablo 2.24 Isıtma, sıcak su ve sera ısıtma birleşik enerji sistem elemanlarının enerjetik ve ekserjetik performans değerleri

| Sistem Bileşenleri | Isıl kayıplar (MW) | Ekserji Kayıpları (MW) | Enerji verimi (%) | Ekserji verimi (%) | *IP* (MW) |
|---|---|---|---|---|---|
| Isı eşanjörü-I | 0.748 | 3.931 | 98.05 | 56.12 | 1725 |
| Isı eşanjörü-II | 0.322 | 2.440 | 97.70 | 42.70 | 1398 |
| Pompalar | 0.030 | 0.038 | 86.16 | 82.81 | 7 |
| Ayırıcılar | 0.016 | 0.767 | 99.97 | 94.87 | 39 |
| Reenjeksiyon | 6.627 | 0.097 | - | - | - |

Tablo 2.25 Isıtma, sıcak su ve sera ısıtma birleşik enerji sistem işletme ve termodinamik verileri

| Kesit No | Akışkan | Debi $\dot{m}$ (kg/s) | Sıcaklık $T$ (°C) | Basınç $P$ (kPa) | Entalpi $h$ (kJ/kg) | Entropi $s$ (kJ/kg°C) |
|---|---|---|---|---|---|---|
| 0 | Su | - | 9.8 | 101 | 41.1 | 0.144 |
| 1 | JS. | 79.90 | 156.8 | 570 | 692.0 | 1.959 |
| 2 | JS.+B. | 79.90 | 142.8 | 391 | 691.8 | 1.986 |
| 3 | JS. | 76.51 | 142.8 | 391 | 601.2 | 1.769 |
| 4 | JS. | 76.51 | 142.9 | 772 | 601.9 | 1.769 |
| 5 | B. | 3.39 | 142.8 | 391 | 2737.0 | 6.903 |
| 6 | JS. | 23.65 | 164.2 | 687 | 794.0 | 2.214 |
| 7 | JS.+B. | 23.65 | 142.8 | 391 | 793.8 | 2.231 |
| 8 | JS. | 21.52 | 142.8 | 391 | 601.2 | 1.769 |
| 9 | JS. | 21.52 | 142.9 | 728 | 601.8 | 1.769 |
| 10 | B. | 2.13 | 142.8 | 391 | 2737.0 | 6.903 |
| 11 | JS. | 98.03 | 142.6 | 650 | 601.8 | 1.767 |
| 12 | JS. | 5.52 | 141.5 | 380 | 22739.3 | 6.920 |
| 13 | JS. | 98.03 | 50.0 | 470 | 209.8 | 0.704 |
| 14 | JS. | 5.52 | 50.0 | 200 | 209.8 | 0.704 |
| 15 | Su | 131 | 40.0 | 200 | 167.7 | 0.572 |
| 16 | Su | 131 | 40.1 | 500 | 168.4 | 0.574 |
| 17 | Su | 131 | 65.0 | 470 | 272.5 | 0.893 |
| 18 | Su | 362 | 40.0 | 200 | 167.7 | 0.572 |
| 19 | Su | 362 | 40.1 | 500 | 168.4 | 0.574 |
| 20 | Su | 362 | 65.0 | 470 | 272.5 | 0.893 |
| 21 | JS. | 98.03 | 25.0 | 300 | 105.1 | 0.367 |
| 22 | JS. | 5.52 | 25.0 | 300 | 105.1 | 0.367 |

# 3. DEĞERLENDİRME

Elektrik üretim sisteminde kullanılan havalı kondeser ünitesinin etkisiyle tüm sistemin enerji ve ekserji verimi dış sıcaklıkla değişiklik gösterme eğilimindedir. Bu bağlamda meteorolojiden alınan son 35 yılı kapsayan saatlik dış hava sıcaklık değerleri ve gerçek çalışma verileri kullanılarak birleşik enerji sistemleri için ısıtma veya soğutma dönemi boyunca verim değerindeki dağılım ve dağılım aralığı tespit edilmiştir. Bölge için yıllık dış hava sıcaklık frekans dağılımı Şekil 3.1'de verilmiştir. Aşağıda her bir model için analiz sonuçları ayrı alt başlıklar altında açıklanmıştır.

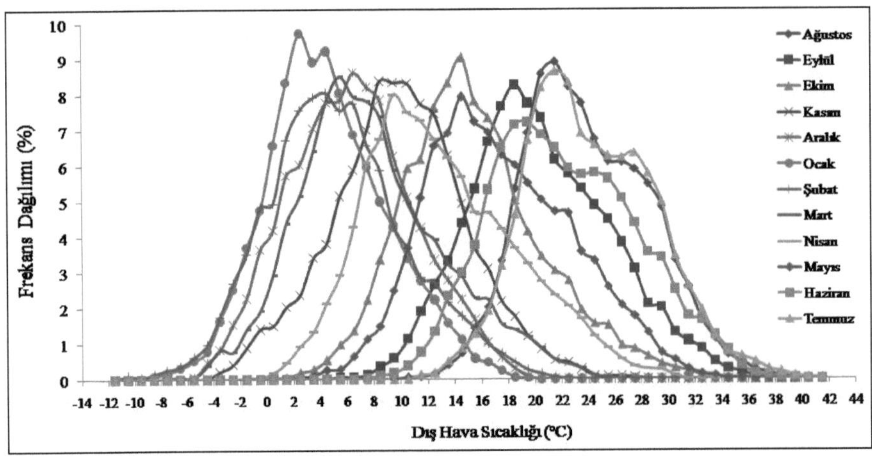


Şekil 3.1 Yıllık dış hava sıcaklık frekans dağılımı

## 3.1 Elektrik Üretimi (EÜ) İçin Değerlendirme

Enerji ve ekserji veriminin dış hava sıcaklığıyla değişimi Şekil 3.2'de verilmektedir. Bölge dış hava sıcaklık dağılımı göz önüne alındığında elektrik üretimi için ekserji verimi % 35 ile % 49 arasında değişmektedir (Şekil 3.3). Dış hava sıcaklık dağılımı göz önüne alındığında yıllık ortalama ekserji verimi % 45.2 olarak tespit edilmiştir. Yıllık bazda elektrik üretim sisteminin enerji verim değeri de %6 ile %12 değeri arasında değişmektedir (Şekil 3.4). Aynı şekilde yıllık dış hava sıcaklık dağılımı göz önüne alındığında yıllık ortalama enerji verimi %9.47 olarak tespit edilmiştir

Dış çevre sıcaklığı paremetresine bağlı olarak ekserji ve enerji verim fonksiyonları bulunmuş ve bunlar Eşitlik 3.1ve 3. 2'de verilmiştir.

$$\varepsilon_{E\ddot{U}} = 47.52 - 0.0465 \cdot T - 0.00448 \cdot T^2 - 0.000079 \cdot T^3 \quad (3.1)$$

$$\eta_{E\ddot{U}} = 10.94 - 0.0936 \cdot T - 0.00044 \cdot T^2 - 0.000006 \cdot T^3 \quad (3.2)$$

3.1-2 ile verilen eşitliklerte $\varepsilon$ ve $T$ sırasıyla ekserji verimini (%) ve dış çevre sıcaklığını (°C) göstermektedir.

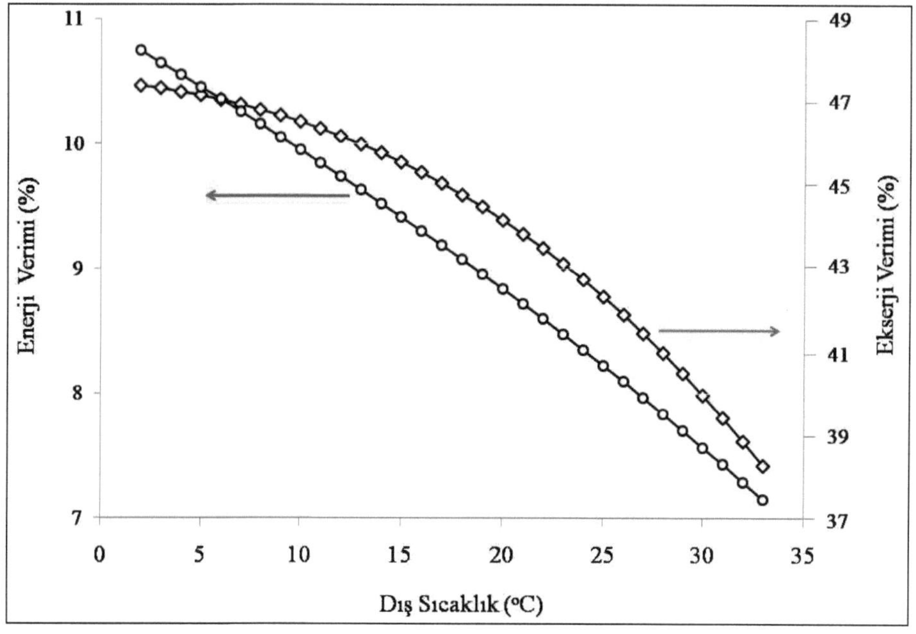


Şekil 3.2 Elektrik üretimi sistemi için enerji ve ekserji veriminin her bir dış hava sıcaklığına bağlı değişimi

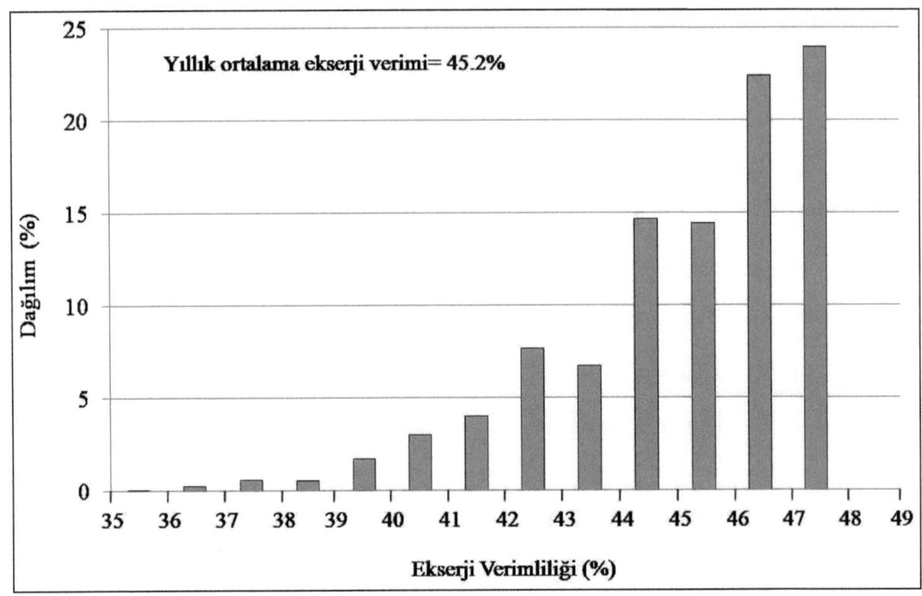


Şekil 3.3 Elektrik üretim sistemi ekserji veriminin yıllık bazda değişimi

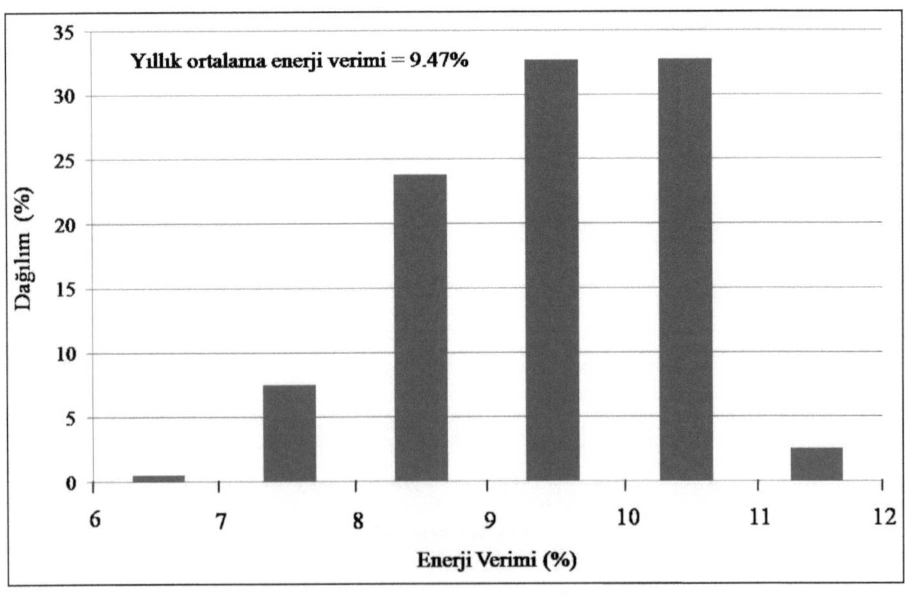


Şekil 3.4 Elektrik üretim sistemi enerji veriminin yıllık bazda değişimi

### 3.2 Elektrik Üretimi (EÜ) ve Tek Etkili Absorbsiyonlu Soğutma (TEAS) Birleşik Enerji Sistemi İçin Sonuçlar

İncelemenin yapıldığı elektrik üretim sistemine tek etkili absorbsiyonlu soğutma sisteminin eklenmesi ile oluşan birleşik enerji sistemi için parametrik olarak analiz yapılmıştır. Birleşik sistemin enerji ve ekserji veriminin dış sıcaklıkla değişimi Şekil 3.5'de verilmektedir. Bölge dış sıcaklık dağılımı göz önüne alındığında birleşik sistem için ekserji verimi % 36 ile % 46 arasında değişmektedir (Şekil 3.6). Yıllık dış sıcaklık dağılımı göz önüne alındığında ortalama ekserji verimi % 43.9 olarak tespit edilmiştir. Birleşik sisteminin enerji verim değeri de %11 ile %14 arasında değişmektedir (Şekil 3.7). Aynı şekilde yıllık dış sıcaklık dağılımı göz önüne alındığında ortalama enerji verimi %13.4 olarak tespit edilmiştir. Dış çevre sıcaklığı paremetresine bağlı olarak ekserji ve enerji verim değeri fonksiyonu Eşitlik 3.3 ve 3.4'de verilmektedir.

$$\eta_{EÜ+TEAS} = 15.24 - 0.061 \cdot T - 0.000613 \cdot T^2 \quad (3.3)$$

$$\varepsilon_{EÜ+TEAS} = 45.71 + 0.1515 \cdot T - 0.00927 \cdot T^2 \quad (3.4)$$

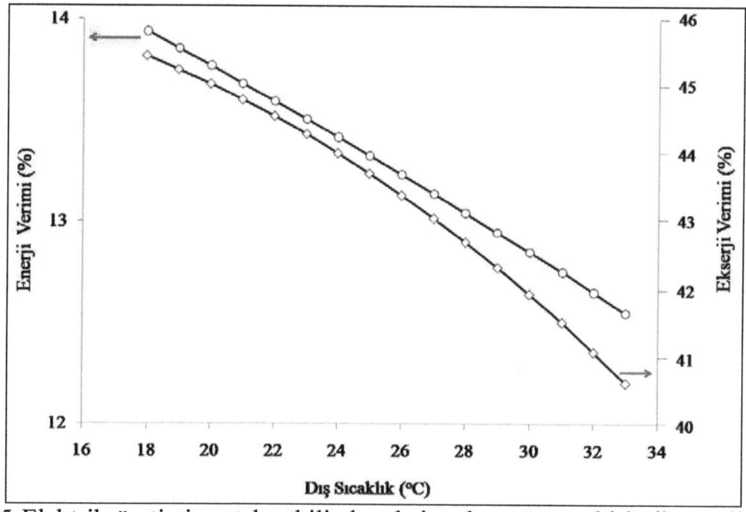


Şekil 3.5 Elektrik üretimi ve tek etkili absorbsiyonlu soğutma birleşik enerji sistemi için enerji ve ekserji veriminin her bir dış hava sıcaklığına bağlı değişimi

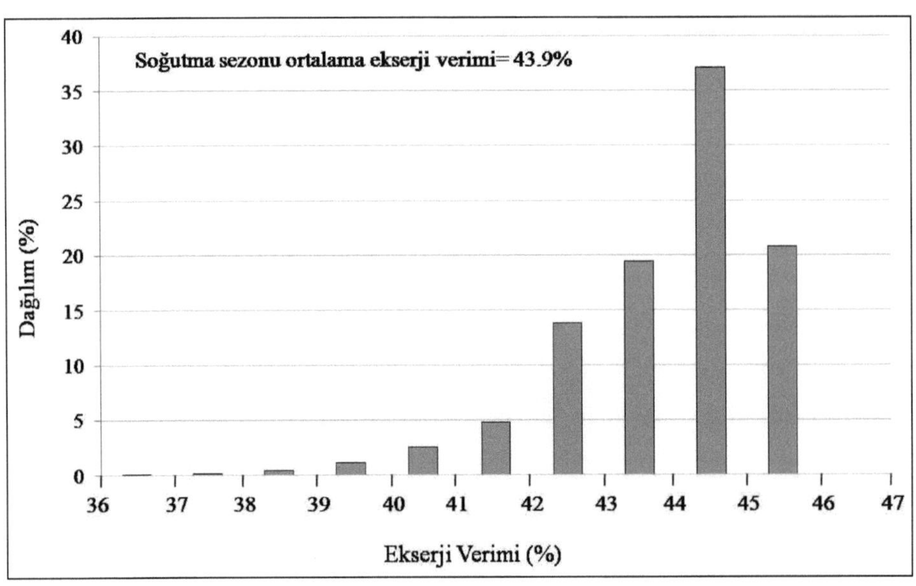


Şekil 3.6 Elektrik üretimi ve tek etkili absorbsiyonlu soğutma birleşik enerji sistemi için ekserji veriminin yıllık bazda değişimi

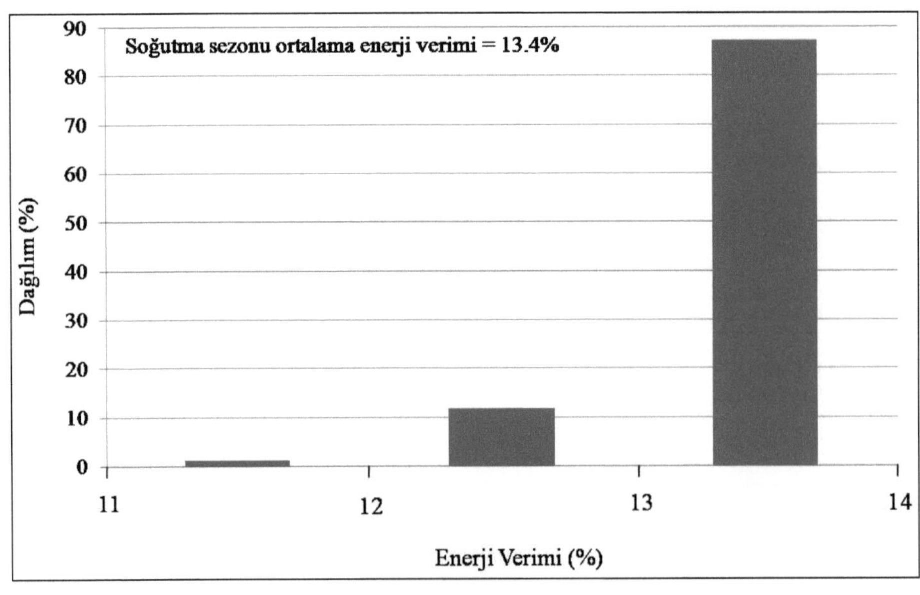


Şekil 3.7 Elektrik üretimi ve tek etkili absorbsiyonlu soğutma birleşik enerji sistemi için enerji veriminin yıllık bazda değişimi

### 3.3 Elektrik Üretimi (EÜ), Tek Etkili Absorbsiyonlu Soğutma (TEAS) ve Sıcak Su Sağlama (SSS) Birleşik Enerji Sistemi İçin Değerlendirme

İncelemenin yapıldığı elektrik üretim sistemine tek etkili absorbsiyonlu soğutma ve sıcak su sağlama sisteminin eklenmesi ile oluşan birleşik enerji sistemi için parametrik analiz yapılmıştır. Birleşik sistemin enerji ve ekserji veriminin dış hava sıcaklığıyla değişimi Şekil 3.8'de verilmektedir. Bölge ısıtma dönemi dış hava sıcaklık dağılımı göz önüne alındığında birleşik sistem için ekserji verimi % 37 ile % 53 arasında değişmektedir (Şekil 3.9). Birleşik sisteminin enerji verim değeri de %32 ile %34 arasında değişmektedir (Şekil 3.10). Ortalama enerji ve ekserji verimi sırasıyla %33 ve % 49.5 olarak tespit edilmiştir. Dış çevre sıcaklığı paremetresine bağlı olarak ekserji ve enerji verim değeri fonksiyonu Eşitlik 3.5 ve 3.6'da verilmektedir.

$$\varepsilon_{EÜ+TEAS+SSS} = 55.01 + 0.0963 \cdot T - 0.0132 \cdot T^2 \quad (3.5)$$

$$\eta_{EÜ+TEAS+SSS} = 34.16 - 0.058 \cdot T + 0.00031 \cdot T^2 \quad (3.6)$$

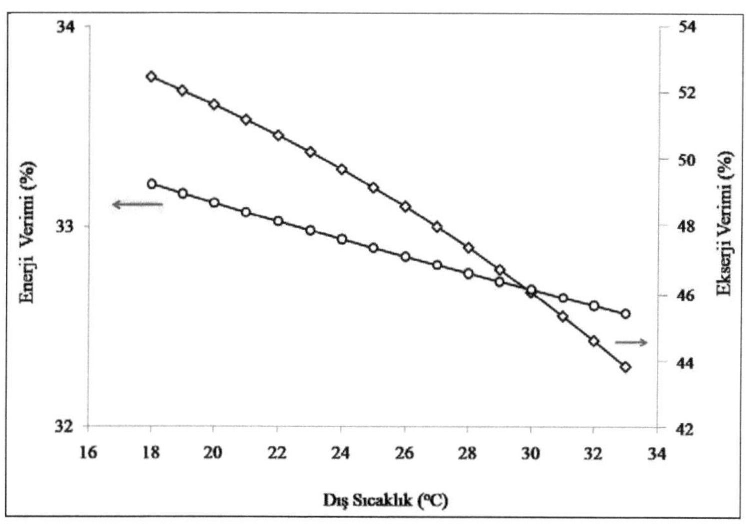


Şekil 3.8 Elektrik üretimi, tek etkili absorbsiyonlu soğutma ve sıcak su sağlama birleşik enerji sistemi için enerji ve ekserji veriminin her bir dış hava sıcaklığına bağlı değişimi

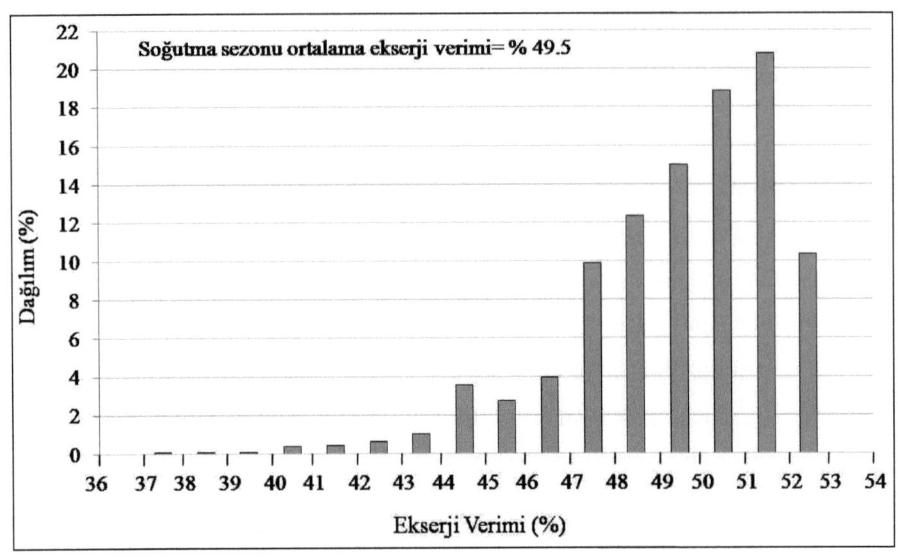


Şekil 3.9 Elektrik üretimi, tek etkili absorbsiyonlu soğutma ve sıcak su sağlama birleşik enerji sistemi için ekserji veriminin yıllık bazda değişimi

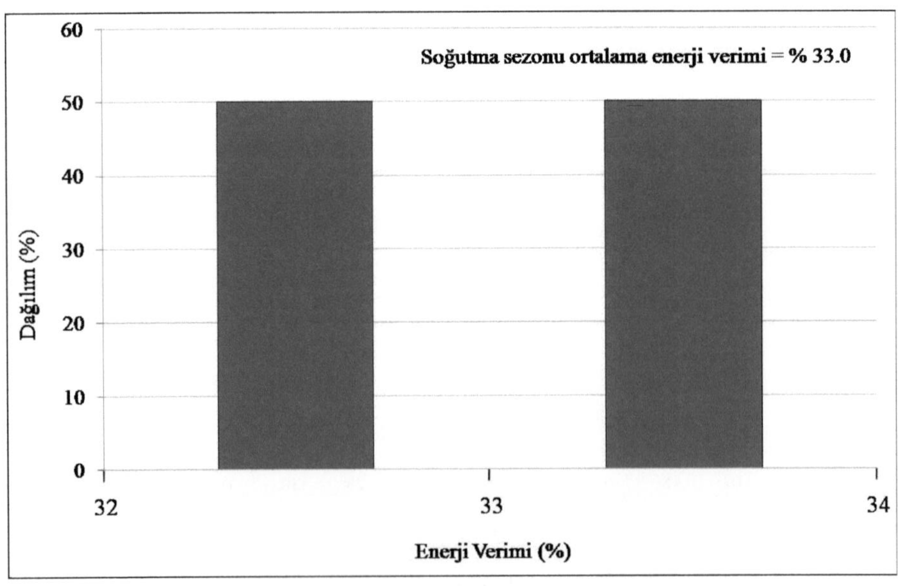


Şekil 3.10 Elektrik üretimi, tek etkili absorbsiyonlu soğutma ve sıcak su sağlama birleşik enerji sistemi için enerji veriminin yıllık bazda değişimi

## 3.4 Elektrik Üretimi (EÜ) ve Sıcak Su Sağlama (SSS) Birleşik Enerji Sistemi İçin Değerlendirme

İncelemenin yapıldığı elektrik üretim sistemine sıcak su sağlama sisteminin eklenmesi ile oluşan birleşik enerji sistemi için parametrik olarak analiz yapılmıştır. Birleşik sistemin enerji ve ekserji veriminin dış hava sıcaklık değişimi Şekil 3.11'de verilmektedir. Bölge ısıtma dönemi dış hava sıcaklık dağılımı göz önüne alındığında birleşik sistem için ekserji verimi % 36 ile % 54 arasında değişmektedir (Şekil 3.12). Yıllık dış hava sıcaklık dağılımı göz önüne alındığında ortalama ekserji verimi % 50.3 olarak tespit edilmiştir. Birleşik sisteminin enerji verim değeri de %32 ile %34 arasında değişmektedir (Şekil 3.13). Aynı şekilde yıllık dış sıcaklık dağılımı göz önüne alındığında ortalama enerji verimi %32.6 olarak tespit edilmiştir. Dış çevre sıcaklığı paremetresine bağlı olarak ekserji ve enerji verim değeri fonksiyonu Eşitlik 3.7 ve 3.8'de verilmektedir.

$$\eta_{EÜ+SSS} = 36.47 - 0.0756 \cdot T + 0.00038 \cdot T^2 \tag{3.7}$$

$$\varepsilon_{EÜ+SSS} = 59.06 + 0.019 \cdot T - 0.0157 \cdot T^2 \tag{3.8}$$

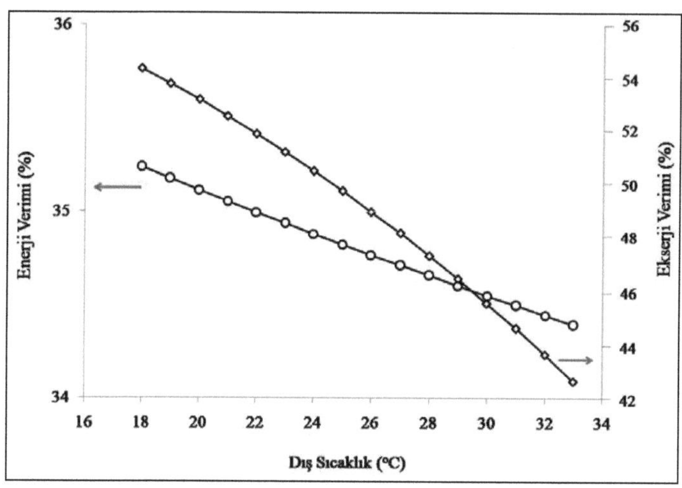


Şekil 3.11 Elektrik üretimi ve sıcak su sağlama birleşik enerji sistemi için enerji ve ekserji veriminin her bir dış hava sıcaklığına bağlı değişimi

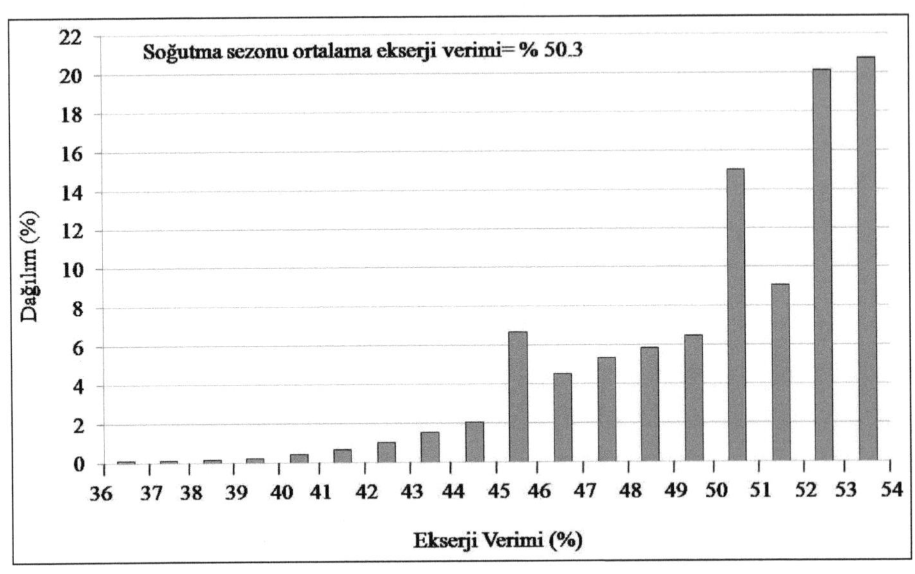


Şekil 3.12 Elektrik üretimi ve sıcak su sağlama birleşik enerji sistemi için ekserji veriminin yıllık bazda değişimi

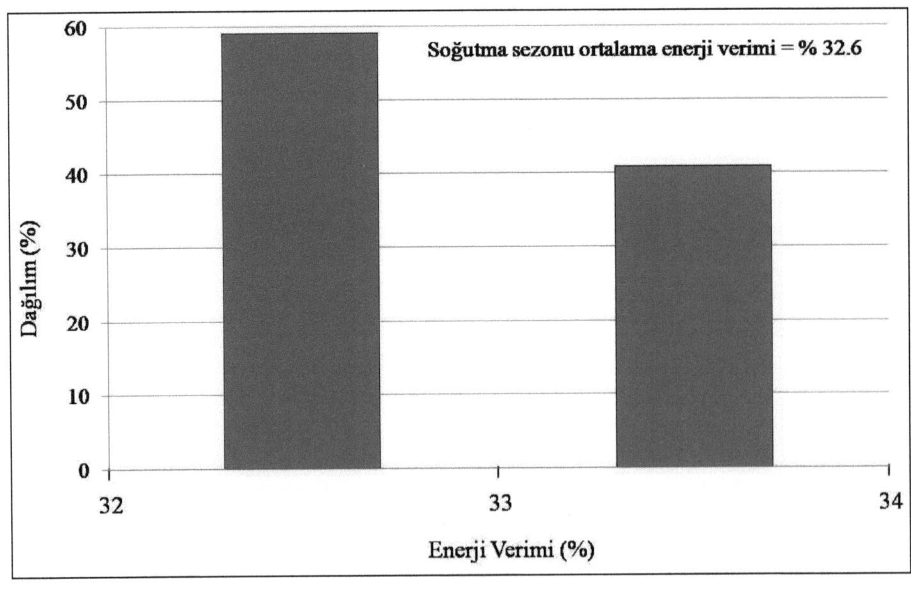


Şekil 3.13 Elektrik üretimi ve sıcak su sağlama birleşik enerji sistemi için enerji veriminin yıllık bazda değişimi

## 3.5 Elektrik Üretimi (EÜ) ve Isıtma-Sıcak Su Sağlama (ISSS) Birleşik Enerji Sistemi İçin Değerlendirme

İncelemenin yapıldığı elektrik üretim sistemine ısıtma-sıcak su sağlama sisteminin eklenmesi ile oluşan birleşik enerji sistemi için parametrik olarak analiz yapılmıştır. Birleşik sistemin enerji ve ekserji veriminin dış hava sıcaklığıyla değişimi Şekil 3.14'de verilmektedir. Bölge ısıtma dönemi dış hava sıcaklık dağılımı dağılımı göz önüne alındığında birleşik sistem için ekserji verimi % 51 ile % 54 arasında değişmektedir (Şekil 3.15). Yıllık dış sıcaklık dağılımı göz önüne alındığında ortalama ekserji ve enerji verimi sırasıyla % 52.8 ve %23.1 olarak tespit edilmiştir. Dış çevre sıcaklığı paremetresine bağlı olarak ekserji ve enerji verim değeri fonksiyonu Eşitlik 3.9 ve 3.10'da verilmektedir.

$$\eta_{EÜ+ISSS} = 23.178 - 0.00557 \cdot T - 0.000047 \cdot T^2 \quad (3.9)$$

$$\varepsilon_{EÜ+ISSS} = 53.89 - 0.0133 \cdot T - 0.0076 \cdot T^2 \quad (3.10)$$

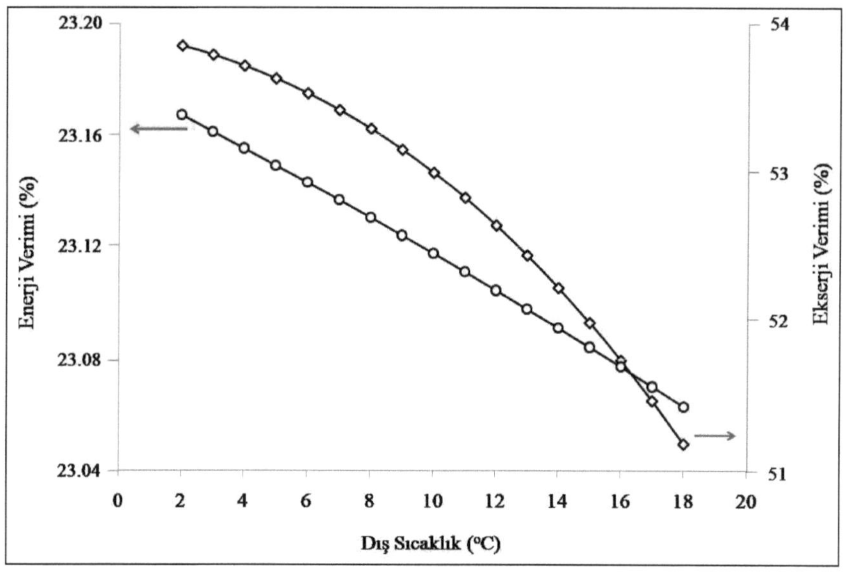


Şekil 3.14 Elektrik üretimi ve ısıtma-sıcak su sağlama birleşik enerji sistemi için enerji ve ekserji veriminin her bir dış hava sıcaklığına bağlı değişimi

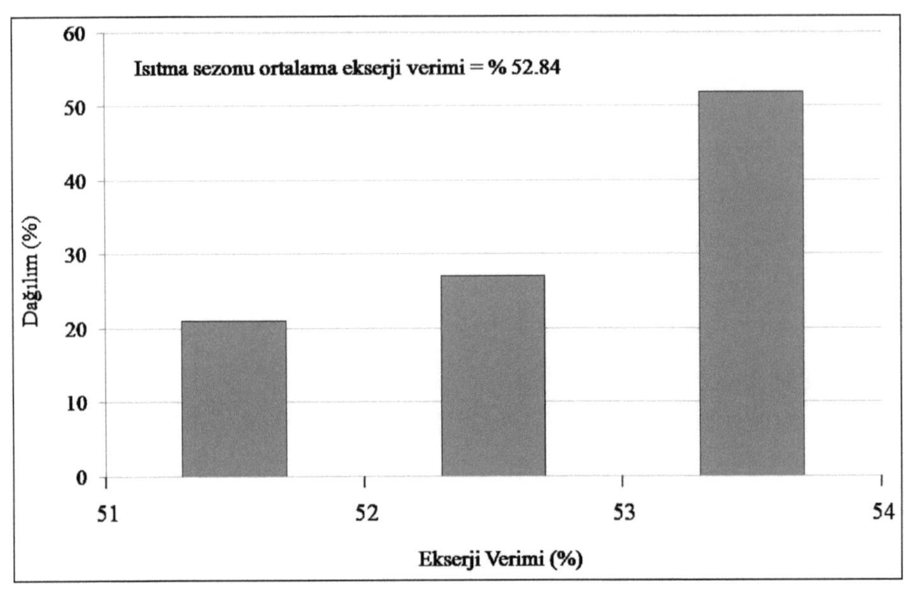


Şekil 3.15 Elektrik üretimi ve ısıtma-sıcak su sağlama birleşik enerji sistemi için ekserji veriminin yıllık bazda değişimi

## 3.6 Elektrik Üretimi (EÜ), Isıtma-Sıcak Su Sağlama (ISSS) ve Sera Isıtması (SI) Birleşik Enerji Sistemi İçin Değerlendirme

İncelemenin yapıldığı elektrik üretim sistemine ısıtma-sıcak su sağlama ve sera ısıtma sisteminin eklenmesi ile oluşan birleşik enerji sistemi için parametrik analiz yapılmıştır. Birleşik sistemin enerji ve ekserji veriminin dış hava sıcaklığıyla değişimi Şekil 3.16'da verilmektedir. Bölge ısıtma dönemi dış hava sıcaklık dağılımı göz önüne alındığında birleşik sistem için ekserji verimi % 51 ile % 58 arasında değişmektedir (Şekil 3.17). Yıllık dış sıcaklık dağılımı göz önüne alındığında ortalama ekserji verimi % 50.3 olarak tespit edilmiştir. Birleşik sisteminin enerji verim değeri de %39 ile %42 arasında değişmektedir (Şekil 3.18). Aynı şekilde yıllık dış sıcaklık dağılımı göz önüne alındığında ortalama enerji verimi %39.9 olarak tespit edilmiştir. Dış çevre sıcaklığı paremetresine bağlı olarak ekserji ve enerji verim değeri fonksiyonu Eşitlik 3.11 ve 3.12'de verilmektedir.

$$\varepsilon_{EÜ+ISSS+SI} = 56.89 - 0.101 \cdot T - 0.00945 \cdot T^2 \tag{3.11}$$

$$\eta_{EÜ+ISSS+SI} = 40.80 - 0.102 \cdot T + 0.00057 \cdot T^2 \tag{3.12}$$

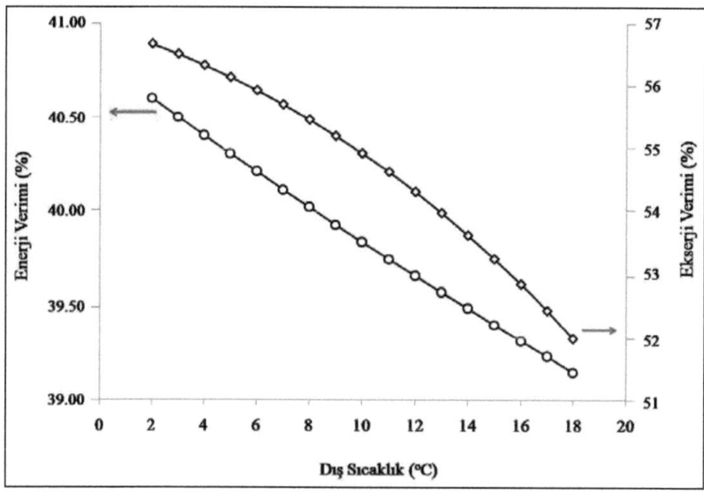


Şekil 3.16 Elektrik üretimi, ısıtma-sıcak su sağlama ve sera ısıtma birleşik enerji sistemi için enerji ve ekserji veriminin her bir dış hava sıcaklığına bağlı değişimi

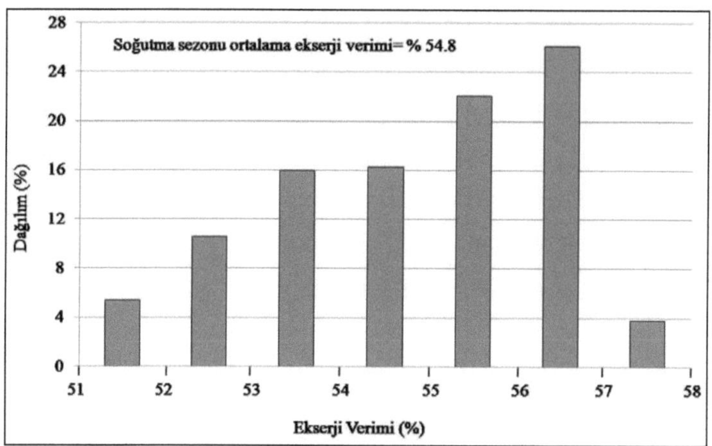


Şekil 3.17 Elektrik üretimi, ısıtma-sıcak su sağlama ve sera ısıtma birleşik enerji sistemi için ekserji veriminin yıllık bazda değişimi

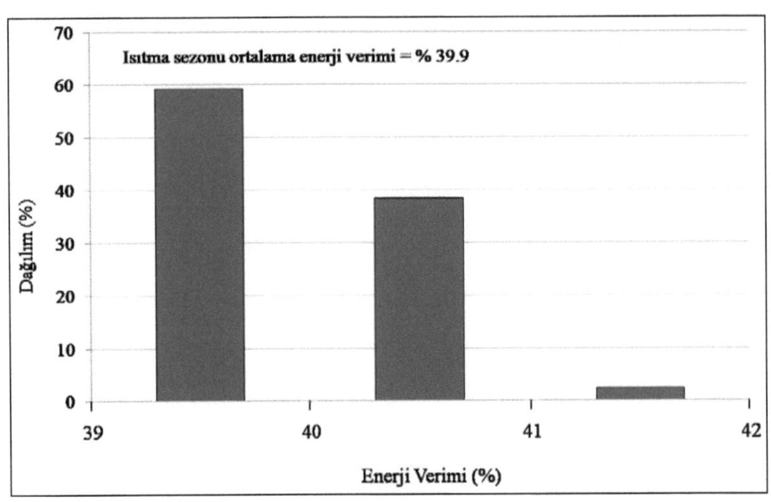


Şekil 3.18 Elektrik üretimi, ısıtma-sıcak su sağlama ve sera ısıtma birleşik enerji sistemi için enerji veriminin yıllık bazda değişimi

## 3.7 Elektrik Üretimi (EÜ) ve Sera Isıtma (SI) Birleşik Enerji Sistemi İçin Değerlendirme

İncelemenin yapıldığı elektrik üretim sistemine sera ısıtma sisteminin eklenmesi ile oluşan birleşik enerji sistemi için parametrik analiz yapılmıştır. Birleşik sistemin enerji ve ekserji veriminin dış hava sıcaklığıyla değişimi Şekil 3.19'da verilmektedir. Bölge ısıtma dönemi dış hava sıcaklık dağılımı göz önüne alındığında birleşik sistem için ekserji verimi % 52 ile % 59 arasında değişmektedir (Şekil 3.20). Yıllık dış hava sıcaklık dağılımı göz önüne alındığında ortalama ekserji verimi % 55.9 olarak tespit edilmiştir. Birleşik sisteminin enerji verim değeri de %39 ile %43 arasında değişmektedir (Şekil 3.21). Aynı şekilde yıllık dış sıcaklık dağılımı göz önüne alındığında ortalama enerji verimi %40.2 olarak tespit edilmiştir. Dış çevre sıcaklığı paremetresine bağlı olarak ekserji ve enerji verim değeri fonksiyonu Eşitlik 3.13 ve 3.14'de verilmektedir.

$$\varepsilon_{E\ddot{U}+SI} = 58.141 - 0.1076 \cdot T - 0.0097 \cdot T^2 \quad (3.13)$$

$$\eta_{E\ddot{U}+SI} = 41.181 - 0.112 \cdot T + 0.00062 \cdot T^2 \quad (3.14)$$

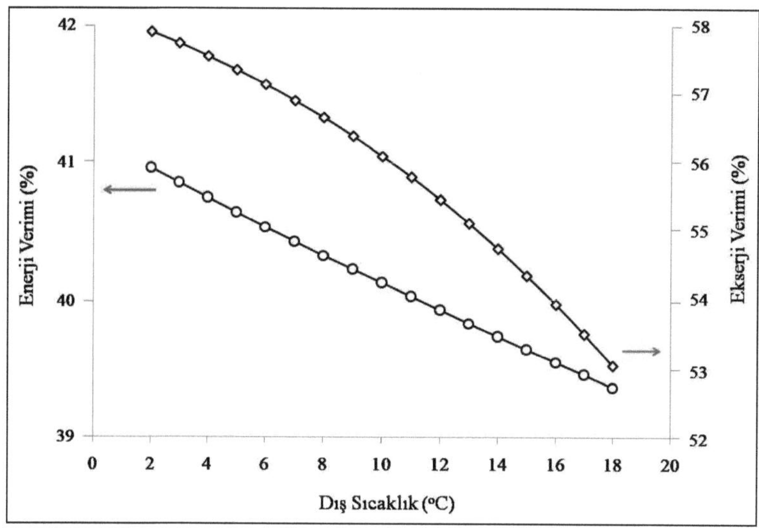


Şekil 3.19 Elektrik üretimi ve sera ısıtma birleşik enerji sistemi için enerji ve ekserji veriminin her bir dış hava sıcaklığına bağlı değişimi

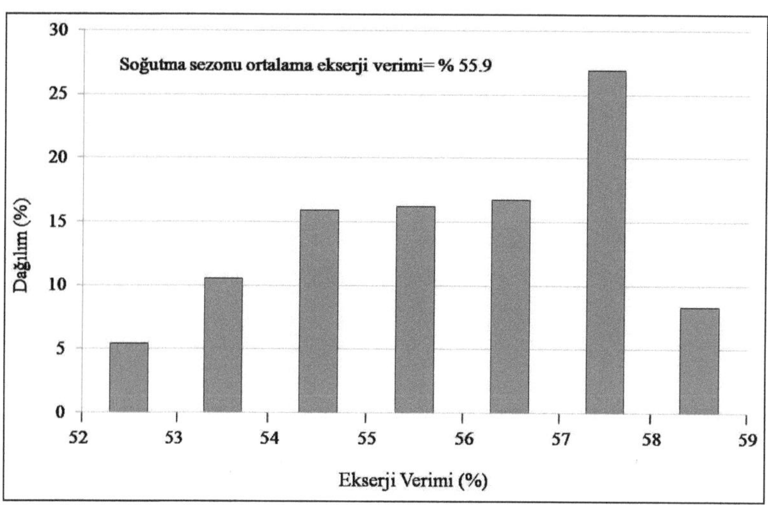


Şekil 3.20 Elektrik üretimi ve sera ısıtma birleşik enerji sistemi için ekserji veriminin yıllık bazda değişimi

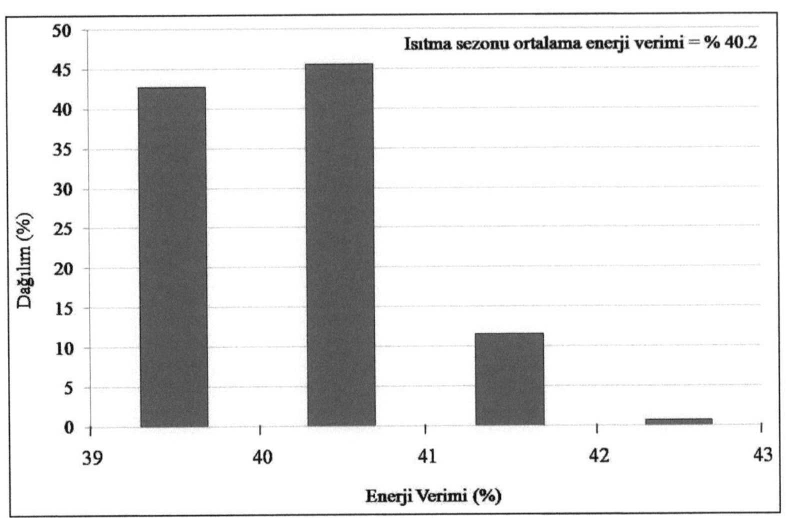


Şekil 3.21 Elektrik üretimi ve sera ısıtma birleşik enerji sistemi için enerji veriminin yıllık bazda değişimi

## 3.8 Tek Etkili Absorbsiyonlu Soğutma Sistemi (TEAS) İçin Değerlendirme

Tek etkili absorbsiyonlu soğutma sistemi için parametrik analiz yapılmıştır. Bölge soğutma dönemi dış hava sıcaklık dağılımı göz önüne alındığında birleşik sistem için ekserji verimi % 6 ile % 30 arasında değişmektedir (Şekil 3.22). Yıllık dış sıcaklık dağılımı göz önüne alındığında ortalama ekserji verimi % 12.2 olarak tespit edilmiştir. Birleşik sisteminin enerji verim değeri de %46 ile %56 arasında değişmektedir (Şekil 3.23). Aynı şekilde yıllık dış sıcaklık dağılımı göz önüne alındığında ortalama enerji verimi %48.6 olarak tespit edilmiştir.

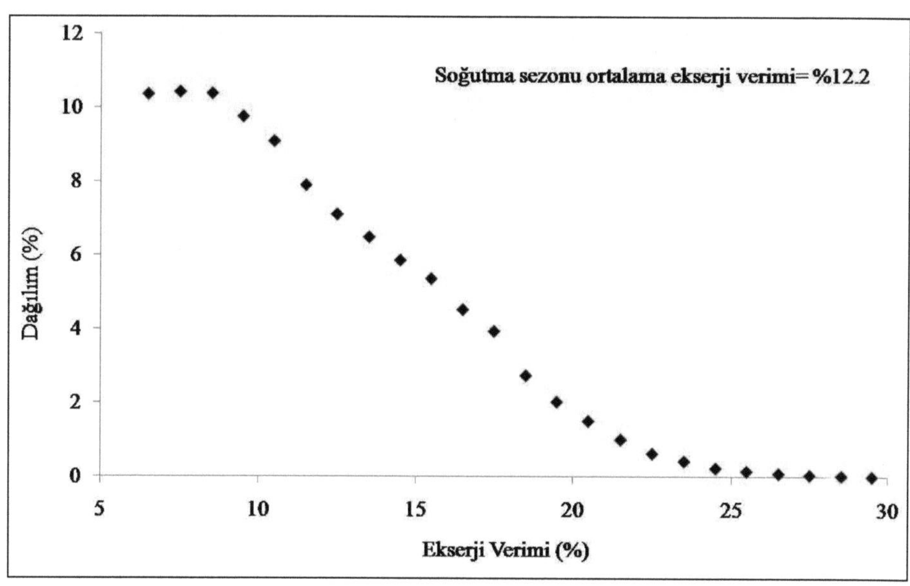


Şekil 3.22 Tek etkili absorbsiyonlu soğutma sistemi için ekserji veriminin yıllık bazda değişimi

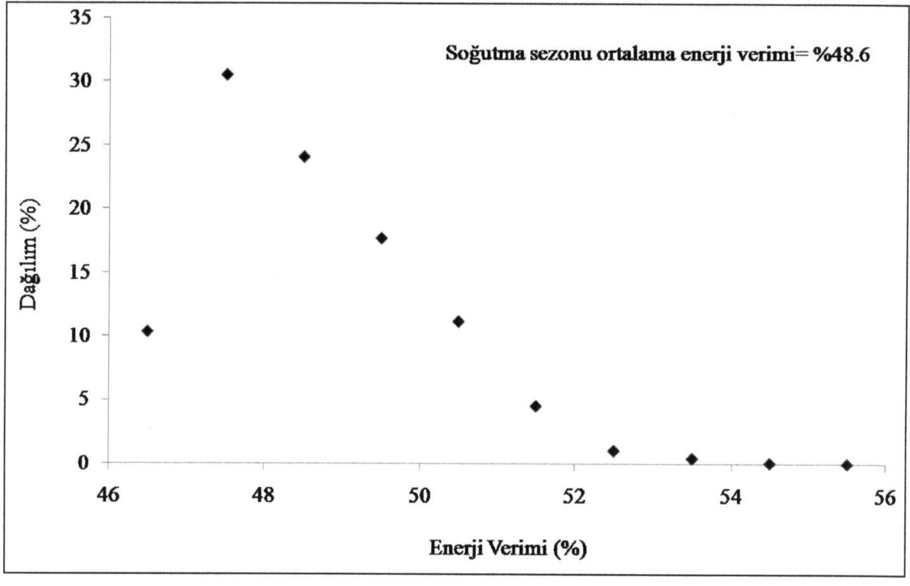


Şekil 3.23 Tek etkili absorbsiyonlu soğutma sistemi için enerji veriminin yıllık bazda değişimi

### 3.9 Çift Etkili Absorbsiyonlu Soğutma (ÇEAS) Sistemi İçin Değerlendirme

Çift etkili absorbsiyonlu soğutma sistemi için parametrik olarak analiz yapılmıştır. Bölge dış sıcaklık dağılımı göz önüne alındığında birleşik sistem için ekserji verimi % 6 ile % 30 arasında değişmektedir (Şekil 3.24). Yıllık dış sıcaklık dağılımı göz önüne alındığında ortalama ekserji verimi % 13.5 olarak tespit edilmiştir. Birleşik sisteminin enerji verim değeri de %51 ile %62 arasında değişmektedir (Şekil 3.25). Aynı şekilde yıllık dış sıcaklık dağılımı göz önüne alındığında ortalama enerji verimi %53.8 olarak tespit edilmiştir.

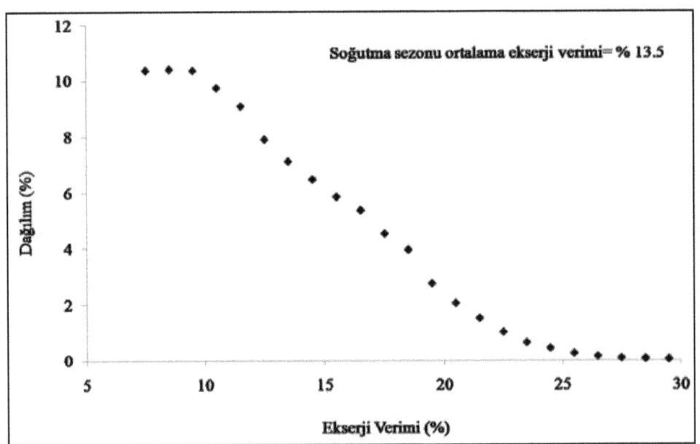


Şekil 3.24 Çift etkili absorbsiyonlu soğutma sistemi için ekserji veriminin yıllık bazda değişimi

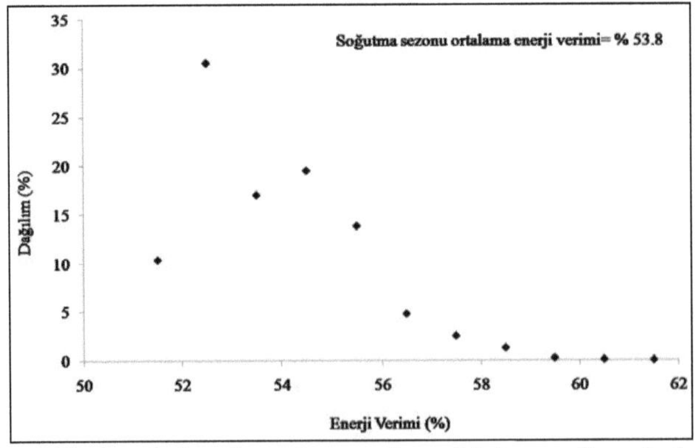


Şekil 3.25 Çift etkili absorbsiyonlu soğutma sistemi için enerji veriminin yıllık bazda değişimi

### 3.10 Tek Etkili Absorbsiyonlu Soğutma (TEAS) ve Sıcak Su Sağlama (SSS) Birleşik Enerji Sistemi İçin Değerlendirme

Tek etkili absorbsiyonlu soğutma ve sıcak su sağlama birleşik enerji sistemi için parametrik olarak analiz yapılmıştır. Bölge dış sıcaklık dağılımı göz önüne alındığında birleşik sistem için ekserji verimi % 13 ile % 34 arasında değişmektedir (Şekil 3.26). Yıllık dış sıcaklık dağılımı göz önüne alındığında ortalama ekserji verimi % 17.9 olarak tespit edilmiştir. Birleşik sisteminin enerji verim değeri de %65 ile %78 arasında değişmektedir (Şekil 3.27). Aynı şekilde yıllık dış sıcaklık dağılımı göz önüne alındığında ortalama enerji verimi %68 olarak tespit edilmiştir.

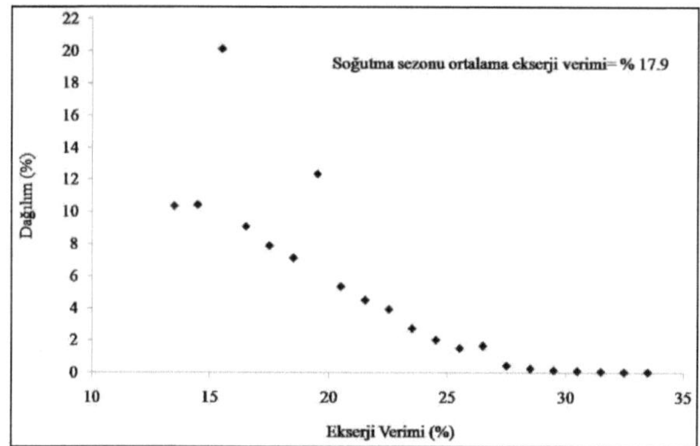


Şekil 3.26 Tek etkili absorbsiyonlu soğutma ve sıcak su sağlama birleşik ekserji sistemi için ekserji veriminin yıllık bazda değişimi

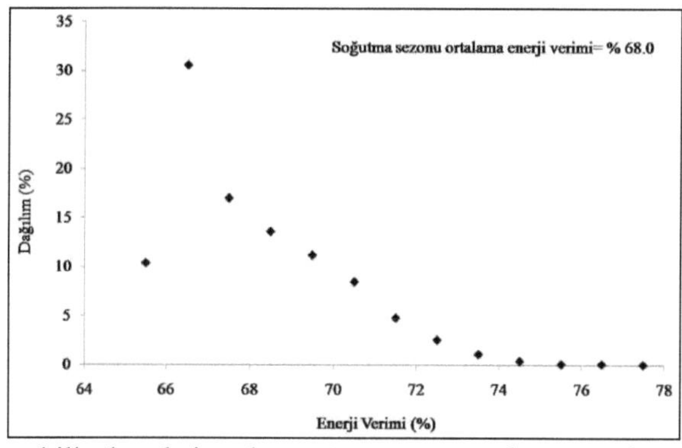


Şekil 3.27 Tek etkili absorbsiyonlu soğutma ve sıcak su sağlama birleşik enerji sistemi için ekserji veriminin yıllık bazda değişimi

### 3.11 Çift Etkili Absorbsiyonlu Soğutma (ÇEAS) ve Sıcak Su Sağlama (SSS) Birleşik Enerji Sistemi İçin Değerlendirme

Çift etkili absorbsiyonlu soğutma ve sıcak su sağlama birleşik enerji sistemi için parametrik analiz yapılmıştır. Bölge dış sıcaklık dağılımı göz önüne alındığında birleşik sistem için ekserji verimi % 21 ile % 35 arasında değişmektedir (Şekil 3.28). Yıllık dış sıcaklık dağılımı göz önüne alındığında ortalama ekserji verimi % 25 olarak tespit edilmiştir. Birleşik sisteminin enerji verim değeri de %80 ile %91 arasında değişmektedir (Şekil 3.29). Aynı şekilde yıllık dış sıcaklık dağılımı göz önüne alındığında ortalama enerji verimi %82.6 olarak tespit edilmiştir.

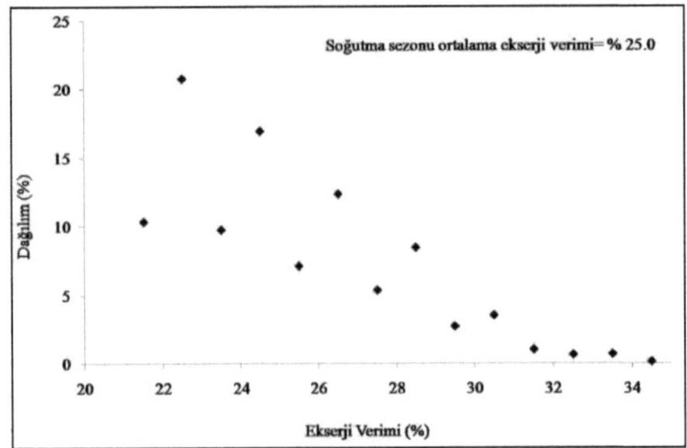


Şekil 3.28 Çift etkili absorbsiyonlu soğutma ve sıcak su sağlama birleşik ekserji sistemi için ekserji veriminin yıllık bazda değişimi

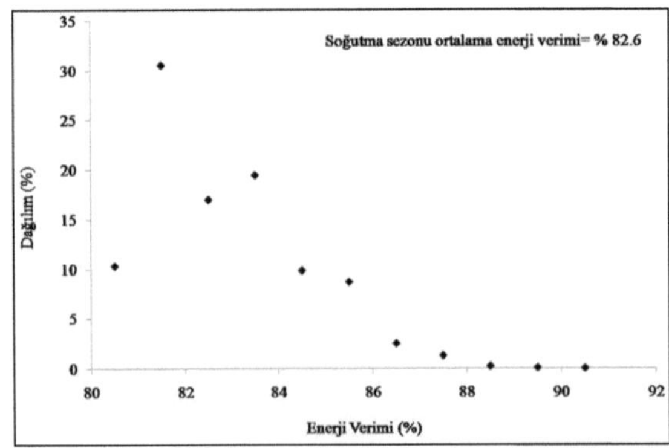


Şekil 3.29 Çift etkili absorbsiyonlu soğutma ve sıcak su sağlama birleşik ekserji sistemi için enerji veriminin yıllık bazda değişimi

## 3.12 Isıtma-Sıcak Su Sağlama (ISSS) Enerji Sistemi İçin Değerlendirme

Isıtma-sıcak su sağlama enerji sistemi için parametrik analiz yapılmıştır. Bölge dış sıcaklık dağılımı göz önüne alındığında birleşik sistem için ekserji verimi % 41 ile % 51 arasında değişmektedir (Şekil 3.30). Yıllık dış sıcaklık dağılımı göz önüne alındığında ortalama ekserji verimi % 45.6 olarak tespit edilmiştir. Birleşik sisteminin enerji verim değeri de %64 ile %77 arasında değişmektedir (Şekil 3.31). Aynı şekilde yıllık dış sıcaklık dağılımı göz önüne alındığında ortalama enerji verimi %72.4 olarak tespit edilmiştir.

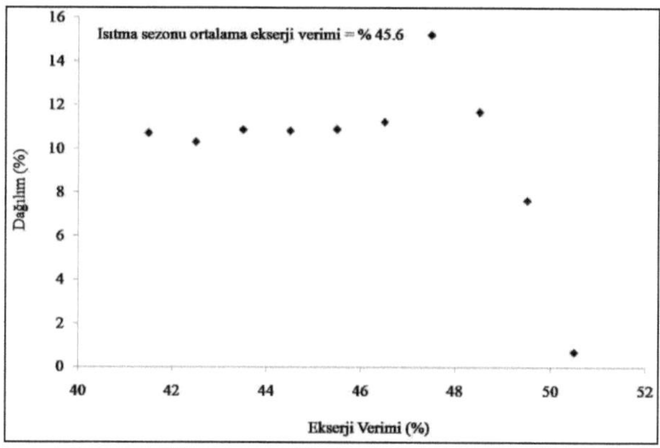


Şekil 3.1 Isıtma-sıcak su sağlama enerji sistemi için ekserji veriminin yıllık bazda değişimi

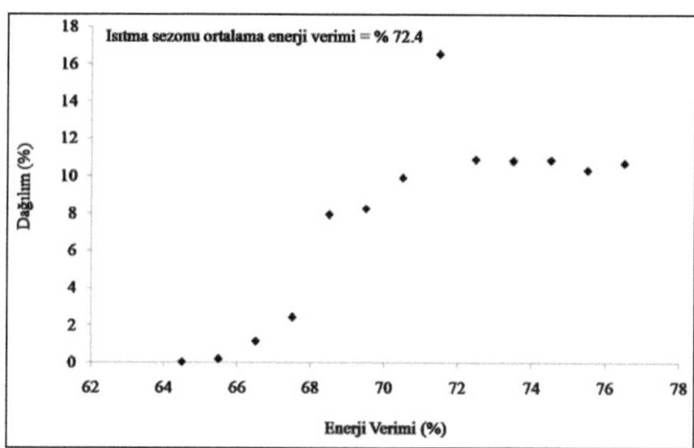


Şekil 3.31 Isıtma-sıcak su sağlama enerji sistemi için enerji veriminin yıllık bazda değişimi

### 3.13 Isıtma-Sıcak Su Sağlama (ISSS) ve Sera Isıtma (SI) Birleşik Enerji Sistemi İçin Değerlendirme

Isıtma-sıcak su sağlama ve sera ısıtma birleşik enerji sistemi için parametrik analiz yapılmıştır. Bölge dış sıcaklık dağılımı göz önüne alındığında birleşik sistem için ekserji verimi % 41 ile % 55 arasında değişmektedir (Şekil 3.32). Yıllık dış sıcaklık dağılımı göz önüne alındığında ortalama ekserji verimi % 47.5 olarak tespit edilmiştir. Birleşik sisteminin enerji verim değeri de %79 ile %95 arasında değişmektedir (Şekil 3.33). Aynı şekilde yıllık dış sıcaklık dağılımı göz önüne alındığında ortalama enerji verimi %88.9 olarak tespit edilmiştir.

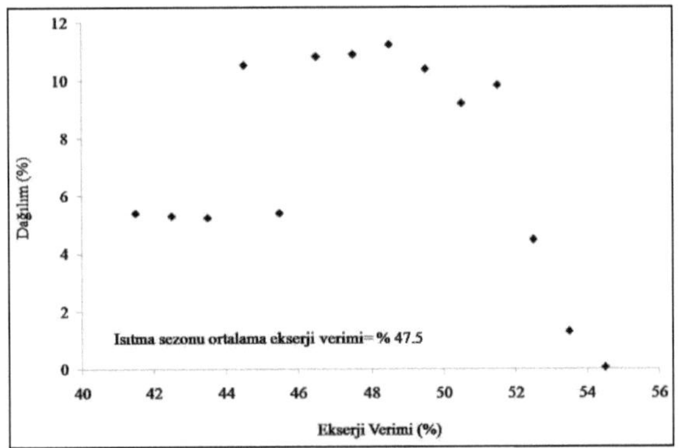


Şekil 3.32 Isıtma-sıcak su sağlama ve sera ısıtma birleşik enerji sistemi için ekserji veriminin yıllık bazda değişimi

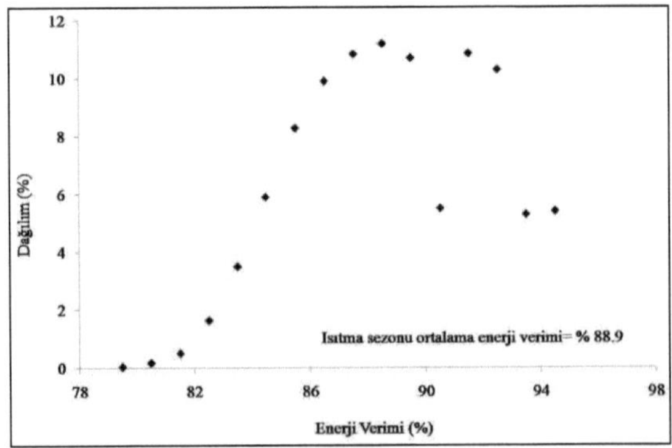


Şekil 3.33 Isıtma-sıcak su sağlama ve sera ısıtma birleşik enerji sistemi için enerji veriminin yıllık bazda değişimi

## 3.14 Genel Değerlendirme

Jeotermal yenilenebilir enerji kaynağının kullanıldığı 13 farklı kombinasyon ısıtma ve soğutma dönemlerinde ayrı ayrı olmak üzere detaylı bir biçimde incelenerek enerjetik ve ekserjetik analizler gerçekleştirilmiştir. Çalışma sonucunda belirtilen sistemler için iş akış şemasını, enerji verimlerini, ekserji verimlerini, enerjetik yenilenebilirlik oranlarını, ekserjetik yenilenebilirlik oranlarını, enerjetik reenjeksiyon oranlarını ve ekserjetik reenjeksiyon oranlarını ortaya koyan grafikler oluşturulmuştur. Bu grafikler Şekil 3.34 ve Şekil 3.35'de özet şekilde sunulmaktadır. Elektrik üretimine entegre edilmiş birleşik sistemler içinde en yüksek enerji ve ekserji verimlilik değerine Elektrik Üretimi + Sera Isıtma birleşik sisteminde ulaşılmaktadır. Elektrik üretimiyle birleşik sistemler içinde hiçbir kombinasyonda enerji verimi ekserji veriminin üstüne çıkamamıştır. Elektrik üretimiyle entegre edilmiş sistemler için ortalama ekserji verimleri en düşük % 45.2, en yüksek % 55.9 değerine ulaşmaktadır. Enerji verimi için bu değerler % 9.5 ile % 55.9 arasında değişmektedir. Enerjetik ve ekserjetik reenjeksiyon oranları bağlamında elektrik üretimiyle birleşik sistemler içinde en iyi sistemler, Elektrik üretimi+Isıtma-sıcak su sağlama+Sera ısıtma ve Elektrik üretimi+ Sera ısıtma birleşik enerji sistemidir. Bu sistemler için sırasıyla enerjetik ve ekserjetik reenjeksiyon oranları 0.0979 ve 0.0199'dur. Bu iki sistemde de yer altına gönderilen ekserji miktarı giren toplam ekserji değerinin % 2'lerine kadar azaltılabilmektedir. Bu değer jeotermal sistemler için oldukça iyi bir düzeydedir. Elektrik üretimi olmaksızın birleşik enerji sistemleri değerlendirildiğinde ekserji verim değerlerinde oldukça önemli bir miktarda azalmanın olduğu görülmektedir. Elektrik üretimiyle birleşik sistemlerin dışında ekserji verimleri hiçbir surette enerji verimlerinin üzerine çıkamamaktadır. Elektrik üretimi, birleşik sistem ekserjetik verimlerinin yukarı çekilmesinde oldukça pozitif bir katkı sağlamaktadır.

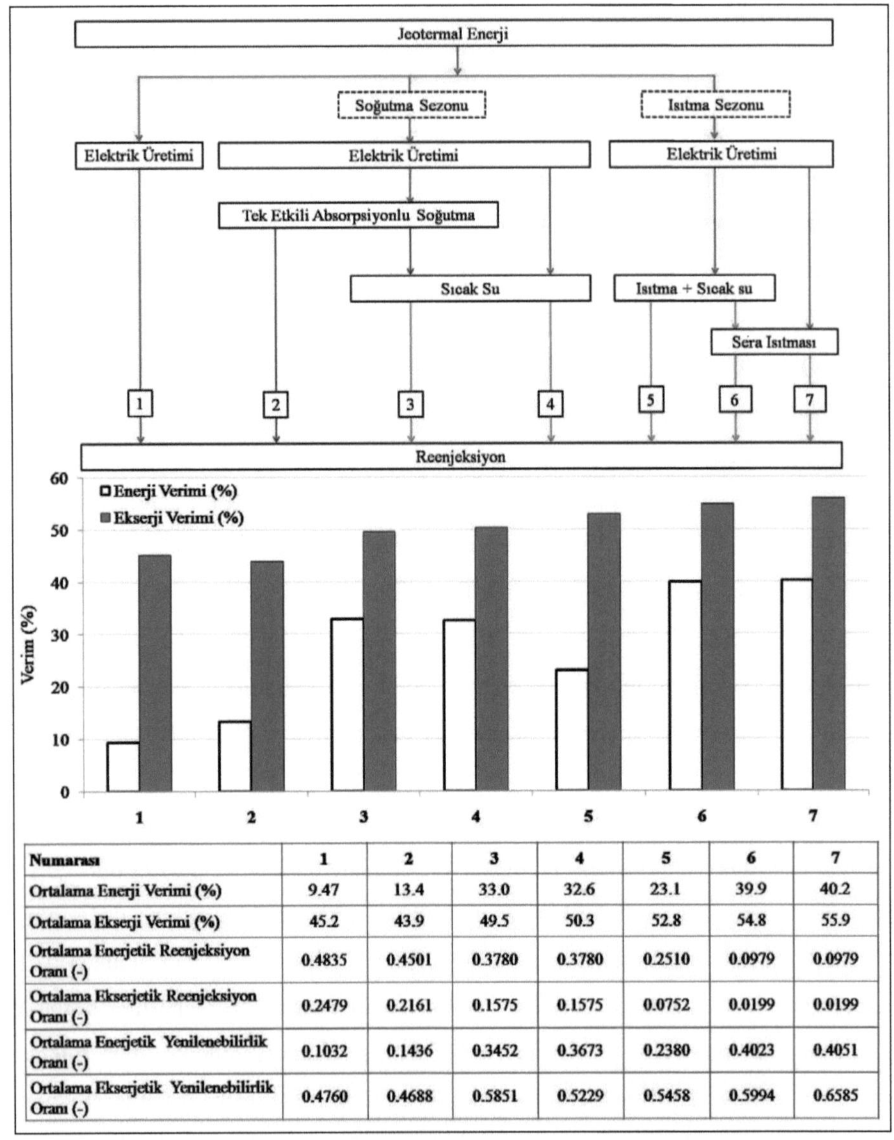


| Numarası | 1 | 2 | 3 | 4 | 5 | 6 | 7 |
|---|---|---|---|---|---|---|---|
| Ortalama Enerji Verimi (%) | 9.47 | 13.4 | 33.0 | 32.6 | 23.1 | 39.9 | 40.2 |
| Ortalama Ekserji Verimi (%) | 45.2 | 43.9 | 49.5 | 50.3 | 52.8 | 54.8 | 55.9 |
| Ortalama Enerjetik Reenjeksiyon Oranı (-) | 0.4835 | 0.4501 | 0.3780 | 0.3780 | 0.2510 | 0.0979 | 0.0979 |
| Ortalama Ekserjetik Reenjeksiyon Oranı (-) | 0.2479 | 0.2161 | 0.1575 | 0.1575 | 0.0752 | 0.0199 | 0.0199 |
| Ortalama Enerjetik Yenilenebilirlik Oranı (-) | 0.1032 | 0.1436 | 0.3452 | 0.3673 | 0.2380 | 0.4023 | 0.4051 |
| Ortalama Ekserjetik Yenilenebilirlik Oranı (-) | 0.4760 | 0.4688 | 0.5851 | 0.5229 | 0.5458 | 0.5994 | 0.6585 |

Şekil 3.34 Elektrik üretimiyle birleşik sistem iş akış şeması ve altı parametre

Elektrik üretimi entegre edilmemiş birleşik enerji sistemlerinde en yüksek enerji ve ekserji verim değerine Isıtma-sıcak su sağlama ve sera ısıtma birleşik enerji sisteminde ulaşılmaktadır. Ulaşılan bu değerler enerji ve ekserji verimi için sırasıyla

% 88.9 ve % 47.5'dir. Elektrik üretimi yoksun birleşik enerji sistemlerinde enerji ve ekserji verimleri arasında % 35 ile 40 arasında değişen bir fark oluşmaktadır. Enerji ve ekserji verimlerindeki değişimin daha açık şekilde görülebilmesi için Şekil 3.36'daki grafik oluşturulmuştur. Bu grafik sayesinde konbinasyonların kendi aralarındaki enerji-ekserji verim dağılımları kolayca görülebilmektedir. Isıtma dönemi için en yüksek ve düşük enerji verimi değerine sırasıyla Isıtma-Sıcak su sağlama+Sera ısıtma birleşik enerji sistemini ve Elektrik üretimi enerji sisteminde ulaşılmaktadır. Isıtma dönemi için en yüksek ve düşük ekserji verimi değerine sırasıyla Elektrik üretimi +Sera ısıtma birleşik enerji sistemi ve Isıtma+Sıcak su sağlama birleşik enerji sisteminde ulaşılmaktadır.

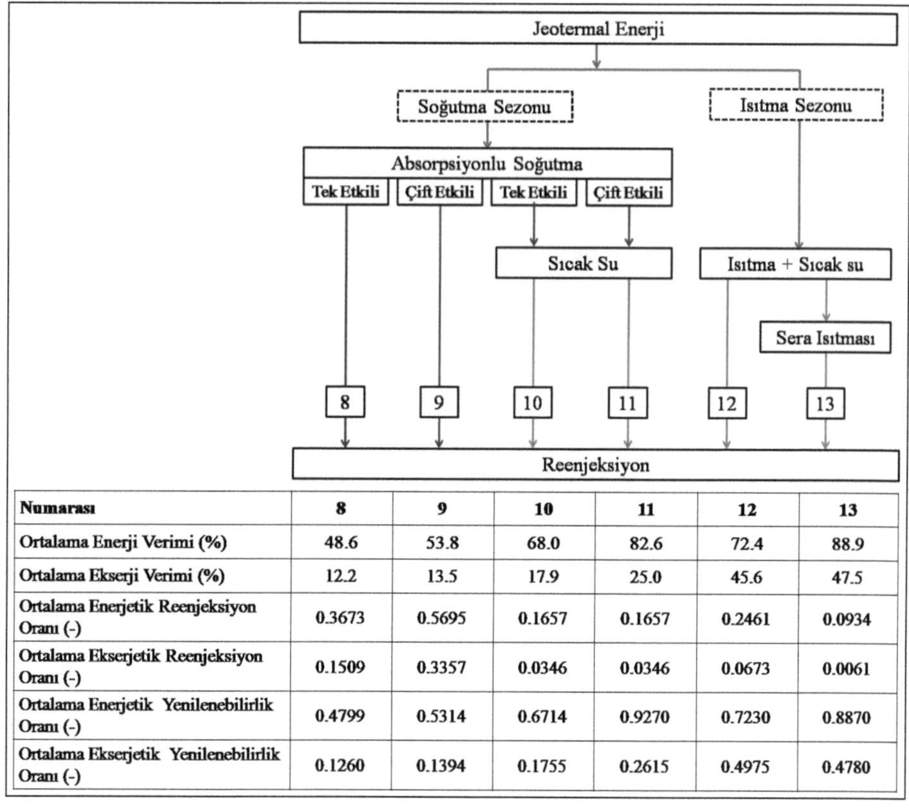


| Numarası | 8 | 9 | 10 | 11 | 12 | 13 |
|---|---|---|---|---|---|---|
| Ortalama Enerji Verimi (%) | 48.6 | 53.8 | 68.0 | 82.6 | 72.4 | 88.9 |
| Ortalama Ekserji Verimi (%) | 12.2 | 13.5 | 17.9 | 25.0 | 45.6 | 47.5 |
| Ortalama Enerjetik Reenjeksiyon Oranı (-) | 0.3673 | 0.5695 | 0.1657 | 0.1657 | 0.2461 | 0.0934 |
| Ortalama Ekserjetik Reenjeksiyon Oranı (-) | 0.1509 | 0.3357 | 0.0346 | 0.0346 | 0.0673 | 0.0061 |
| Ortalama Enerjetik Yenilenebilirlik Oranı (-) | 0.4799 | 0.5314 | 0.6714 | 0.9270 | 0.7230 | 0.8870 |
| Ortalama Ekserjetik Yenilenebilirlik Oranı (-) | 0.1260 | 0.1394 | 0.1755 | 0.2615 | 0.4975 | 0.4780 |

Şekil 3.35 Elektrik üretimi hariç birleşik sistem iş akış şeması ve altı parametre

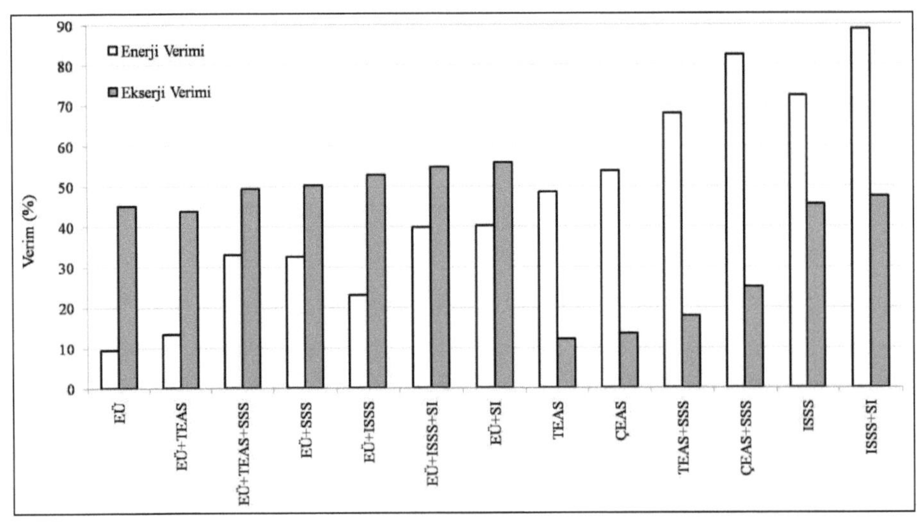


Şekil 3.36 Birleşik enerji sistemleri için dış hava sıcaklık dağılımına bağlı ortalama ekserji verimi değerleri

Soğutma dönemi için en yüksek ve en düşük enerji verimi değerine sırasıyla Çift etkili absorbsiyonlu soğutma+Sıcak su sağlama birleşik enerji sistemi ve Elektrik üretimi sisteminde ulaşılmaktadır. Soğutma dönemi için en yüksek ve düşük ekserji verimi değerine sırasıyla Elektrik üretimi+Sıcak su sağlama birleşik enerji sistemi ve Tek etkili absorbsiyonlu soğutma sisteminde ulaşılmaktadır.

Elektrik üretim sistemi otomatik kontrol ünitesinde kaydedilen değerler kullanılarak dış sıcaklık değerlerine bağlı olarak sistemin enerjetik ve ekserjetik verim değerleri belirlenmiştir. Bu aşama sonrasında meteorolojiden alınan son 35 yıllık saatlik dış hava sıcaklık verileri kullanılarak birleşik enerji sistemleri için ısıtma veya soğutma dönemi boyunca ortalama enerji ve ekserji verimleri verileri hesaplanmıştır. Bu veriler, Şekil 3.37'de grafik üzerinde verilmiştir. Ortalama sistem verim değerleri için tüm sezonun ortalaması alınarak bu değerler hesaplanmıştır. Tüm sistemler için ekserji verimleri % 10'lar ile % 60'lar arasında değişim göstermektedir. Enerji verim değerleriyse % 8'ler ile % 88'ler arasında değişmektedir.

Analiz ve bulgular bölümünde her bir enerji sistemi ve elemanları için iyileştirilebilirlik potansiyeli hesaplanmıştı. İncelenen elektrik üretimiyle birleşik sistemler için toplam iyileştirilebilirlik potansiyeli Şekil 3.38'de verilmektedir. Elektrik üretimiyle birleşik sistemler için en yüksek iyileştirilebilirlik potansiyeli Elektrik üretimi + Tek etkili absorbsiyonlu soğutma + Sıcak su sağlama birleşik enerji sisteminde bulunmaktadır. Bu değer 1.7 MW değerine ulaşabilmektedir.

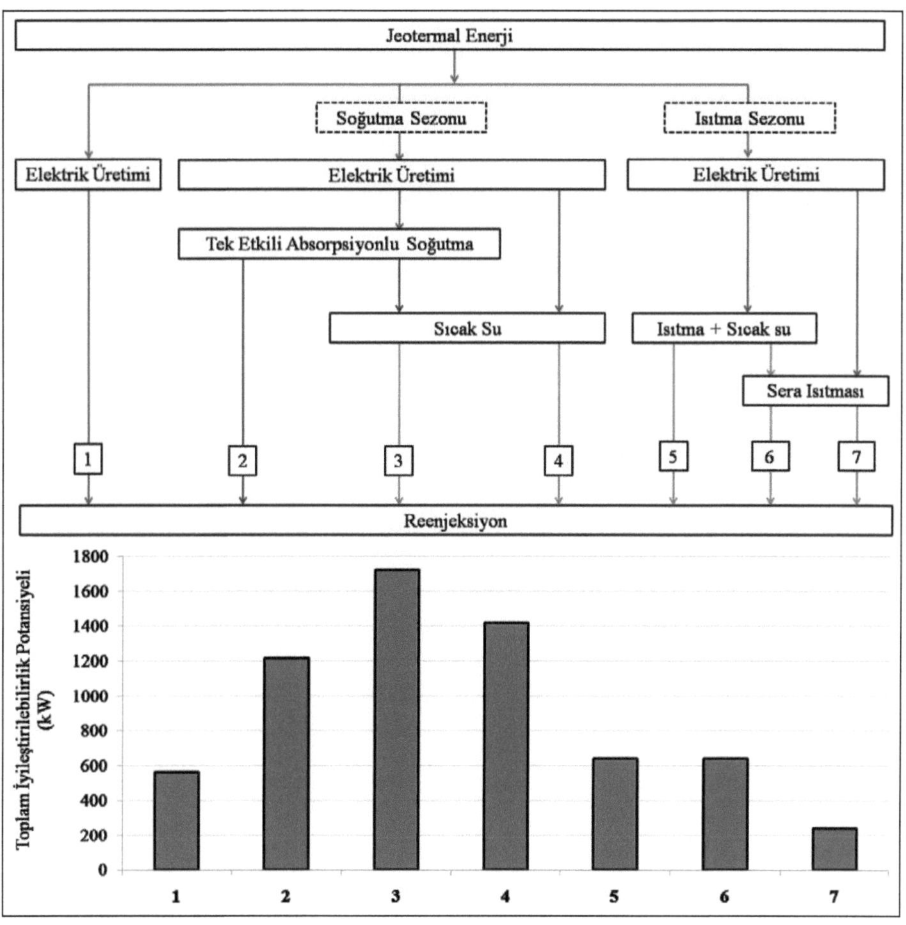


Şekil 3.37 Elektrik üretimiyle birleşik sistemler için iyileştirilebilirlik potansiyeli

Bulgular bölümünde açıklanarak formülleri ile verilen referans çevre sıcaklığıyla birleşik enerji sistemlerinin ekserji verimlerindeki değişim Şekil 8.6'da grafiksel olarak verilmektedir. Isıtma ve soğutma dönemi olmak üzere iki ayrı kısım yine aynı grafik üzerinde gösterilmiştir. Bu grafik sayesinde ekserji verimlerindeki dağılım kolayca görülebilmektedir. Örneğin Elektrik + Sıcak su sağlama birleşik enerji sistemi ile Elektrik üretimi + Tek etkili soğutma + sıcak su sağlama birleşik enerji sistemi 27°C referans çevre sıcaklığında aynı ekserji verimine ulaşabilmektedir. Grafikler incelendiğinde tüm birleşik enerji sistemlerinin ekserji verimlerinin dış referans çevre sıcaklığının artması ile azaldığı görülmektedir. Elektrik üretimine yapılan her bir sistem bağlantısı toplam sistemin ekserji verimini yukarı çekmektedir. Bu grafikler sayesinde, hangi sistemin hangi sisteme hangi sıcaklık sonrasında ekserjetik verim açısından üstünlük sağlayabileceği de görülebilmektedir.

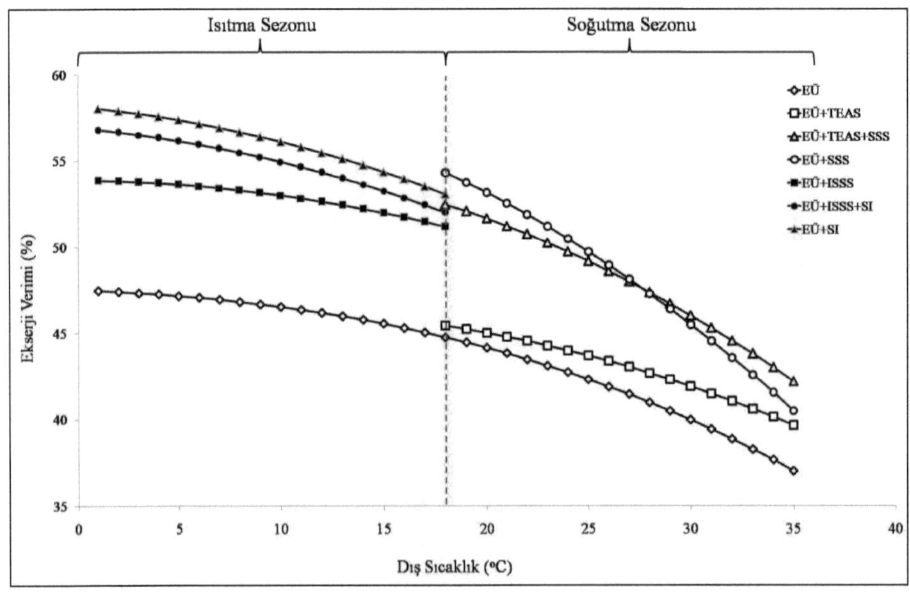


Şekil 3.38 Elektrik üretimiyle birleşik enerji sistemler için ekserji veriminin referans çevre sıcaklığıyla değişimi

İnceleme sonucunda jeotermal akışkanın kullanımı sırasında çoğunlukla en yüksek kayıpların reenjeksiyon bölümünde gerçekleştiği tespit edilmiştir. Jeotermal enerji kaynaklı enerji sistemlerinin enerjetik ve ekserjetik verimliliğinin artırılması için kullanılan jeotermal akışkanın sıcaklığının olabildiğince düşük seviyelere getirilmesi gerektiği gerçeği ortaya konulmuştur. Kaynak sıcaklığına bağlı olarak jeotermal akışkanın kullanılması bir bütün olarak değerlendirilerek sera ısıtması, kaplıca kullanımı veya ısı pompası gibi birçok alternatiflerin değerlendirilmesi gerekliliği ortaya çıkmıştır. Elektrik üretimine uygun bir jeotermal kaynağın elektrik üretimi olmaksızın kullanılması, enerji verimlerinde artma sağlıyormuş gibi görünse de ekserji verimlerinde kayda değer düşüşler ortaya koymaktadır. Bu nedenle kaynağın sıcaklık değerinin uygun olmasına bağlı olarak öncelikle elektrik üretimi ve sonrasında birleşik diğer sistemlerin entegre edilmesi düşülmelidir. Jeotermal enerjiden elektrik üretilen sistemler tasarlanırken üç ana faktöre öncelikli olarak büyük önem gösterilmesi gereklidir. Bunlar sırasıyla: a) Elektriğin verileceği elektrik dağıtım hattının detaylı simülasyonu ve analizi. Bu analiz sonrasında gerekli tedbirlerin ve yatırımların öncelikli olarak belirlenmesi sağlanacaktır; b)Jeotermal akışkanın kimyasal analizi. Bu analiz sonrasında oluşabilecek kabuklaşma problemlerinin nasıl çözüleceği sistem kurulmadan önce belirlenmelidir. Sistemin işletilmesi sürecinde bu tür çalışmalar hem maliyet hem de sistem ekipmanları açısından büyük zararlara sebep olabilmektedir. c)Jeotermal akışkan sıcaklığına bağlı olarak elektrik üretim sisteminin enerjetik ve ekserjetik bakımdan optimum şekilde tasarlanması ve işletilmesi şeklinde önerilebilir.

## KAYNAKLAR

[1] Hepbasli, A., Ozgener L., "Development of geothermal energy utilization in Turkey: a review", *Renewable and Sustainable Energy Reviews*, 8 (5), (2004), 433.

[2] Akpınara, A., Kömürcü, M. İ., Önsoy, H., Kaygusuz, K., "Status of geothermal energy amongst Turkey's energy sources", *Renewable and Sustainable Energy Reviews*, 12 (4), (2007), 1148.

[3] Serpen, U., Aksoy, N., Öngür,T., "Geothermal Industry's 2009 Present Status in Turkey", Proceedings of TMMOB 2nd Geothermal Congress of Turkey, (2009-b), p.55.

[4] Serpen, U., Aksoy, N., Öngür, T., 2010 Present status of geothermal energy in Turkey, Thirty-Fifth Workshop on Geothermal Reservoir Engineering, Stanford University, Stanford, California, (2010).

[5] Serpen, U., Aksoy, N., Öngür,T., Korkmaz, E.D., Geothermal Energy in Turkey: 2008 Update, *Geothermics*, 38 (2), (2009), 227.

[6] Lund, J.W., "Geotermal Energy Focus", World Geothermal Congress 2005 (WGC2005), Turkey, (2006).

[7] Aphornratana, S., Sriveerakul, T., "Experimental studies of a single-effect absorption refrigerator using aqueous lithium–bromide: Effect of operating condition to system performance", *Experimental Thermal and Fluid Science*, 32, (2007), 658.

[8] Mroz, T.M., "Thermodynamic and economic performance of the LiBr–H2O single stage absorption water chiller", *Applied Thermal Engineering*, 26, (2006), 2103.

[9] Li, Z.F., Sumathy, K. "Simulation of a solar absorption air conditioning system", *Energy Conversion & Management*, 42, (2001), 313.

[10] Kim J., Ziegler, F., Lee, H., "Simulation of the compressor-assisted triple-effect

$H_2O$/LiBr absorption cooling cycles", *Applied Thermal Engineering*, 22, (2002), 295.

[11] George, J.M., Murthy, S.S., "Influence of absorber effectiveness on performance of vapor absorptcion heat transformers", *International Journal of Energy Research*, 13, (1989), 629.

[12] Hammond, G.P., Stapleton, A.J., "Exergy analysis of the United Kingdom energy system", *Proc. Inst. Mech. Engrs.,* 215, (2001), 141.

[13] C. Coskun, Z. Oktay, I. Dincer. Investigation of renewable energy and exergy parameters for two geothermal district heating systems. *Internal Journal of Exergy* 8(1) (2011) 1-15

## ŞEKİL LİSTESİ

## TABLO LİSTESİ

## SEMBOL ve KISALTMA LİSTESİ

| Simge | Adı | Birim |
|---|---|---|
| $E$ | Enerji | kJ |
| $\dot{E}$ | Enerji Akısı | kW veya MW |
| $Ex$ | Ekserji | kJ |
| $\dot{E}x$ | Ekserji Akısı | kW veya MW |
| h | Entalpi | kJ/kg |
| $\dot{m}$ | Akışkan Debisi | kg/s |
| P | Basınç | kPa |
| $Rein_E$ | Enerjetik Reenjeksiyon Oranı | (-) |
| $Rein_{Ex}$ | Ekserjetik Reenjeksiyon Oranı | (-) |
| $Ren_E$ | Enerjetik Yenilenebilirlik Oranı | (-) |
| $Ren_{Ex}$ | Ekserjetik Yenilenebilirlik Oranı | (-) |
| s | Entropi | kJ/kg $^{\circ}$C |
| T | Sıcaklık | $^{\circ}$C veya K |
| $\dot{I}P$ | İyileştirilebilirlik Potansiyeli | kW veya MW |
| W | İş | kW veya MW |
| $\eta$ | Enerji veya İlk Yasa Verimliliği | % |
| $\varepsilon$ | Ekserji veya İkinci Yasa Verimliliği | % |
| $\psi$ | Ekserji Akışı | kJ/ kg |

| Kısaltma | Açıklama |
|---|---|
| Abs. | Absorber |
| Buh. | Buharlaştırıcı |
| BEkYO | Boyutsuz Ekserji Yıkım Oranı |
| CDO | Çözelti Devirdaim Oranı |
| ÇEAS | Çift Etkili Absorpsiyonlu Soğutma |
| çik. | Çıkan |
| EÜ | Elektrik Üretimi |
| Esj. | Eşanjör |
| gir. | Giren |
| HAS | Hibrid Absorpsiyonlu Soğutma |
| IP | İyileştirilebilirlik Potansiyeli |
| ISSS | Isıtma-Sıcak Su Sağlama |
| ja | Jeotermal Akışkan |

| Kısaltma | Açıklama |
|---|---|
| KKOK | Kayıp Kaçak Oranı Katsayısı |
| MEDK | Mesken Elektrik Dağılım Katsayısı |
| reen | Reenjeksiyon |
| sck. | Sıcak |
| SETTK | Saatlik Elektrik Tüketim Talep Katsayısı |
| SEEkYO | Sistem Elemanları Ekserji Yıkım Oranı |
| sgk. | Soğuk |
| SSS | Sıcak Su Sağlama |
| SI | Sera Isıtma |
| STK | Soğutma Tesiri Katsayısı |
| Sog. | Soğutucu Akışkan |
| SOETD | Saatlik ortalama elektrik tüketimi |
| T | Toplam |
| Teo. | Teorik |
| TEAS | Tek Etkili Absorpsiyonlu Soğutma |
| TEkYO | Toplam Ekserji Yıkım Oranı |
| Türb. | Türbin |
| yik. | Toplam Yıkım ve Kayıp |
| 0 | Referans Çevre |

yes

I **want** morebooks!

Buy your books fast and straightforward online - at one of the world's fastest growing online book stores! Environmentally sound due to Print-on-Demand technologies.

Buy your books online at

**www.get-morebooks.com**

---

Kaufen Sie Ihre Bücher schnell und unkompliziert online – auf einer der am schnellsten wachsenden Buchhandelsplattformen weltweit! Dank Print-On-Demand umwelt- und ressourcenschonend produziert.

Bücher schneller online kaufen

**www.morebooks.de**

VDM Verlagsservicegesellschaft mbH
Heinrich-Böcking-Str. 6-8
D - 66121 Saarbrücken

Telefax: +49 681 93 81 567-9

info@vdm-vsg.de
www.vdm-vsg.de

MIX
Papier aus verantwortungsvollen Quellen
Paper from responsible sources
FSC® C105338

Printed by Books on Demand GmbH, Norderstedt / Germany